Sitzungsberichte
der Akademie der Wissenschaften
der DDR
Mathematik – Naturwissenschaften – Technik

16 N

1980

Vorkommen und Metabolisierung von Kohlenwasserstoffen in natürlichen Systemen

AKADEMIE-VERLAG · BERLIN

Sitzungsberichte
der Akademie der Wissenschaften
der DDR
Mathematik – Naturwissenschaften – Technik

Jahrgang 1980 · Nr. 16/N

Vorkommen und Metabolisierung von Kohlenwasserstoffen in natürlichen Systemen

AKADEMIE-VERLAG · BERLIN
1981

Vorträge gehalten auf der Sitzung
der Klasse Chemie der Akademie der
Wissenschaften der DDR am 23. und 24. Mai 1979
in Leipzig

Herausgegeben im Auftrage
des Präsidenten der Akademie
der Wissenschaften der DDR
von Vizepräsident Prof. Dr. Heinrich Scheel

ISSN 0138-3956
Erschienen im Akademie-Verlag, DDR-1086 Berlin, Leipziger Str. 3-4

Lizenznummer: 202 · 100/50/81
Gesamtherstellung: VEB Druckhaus Köthen
Bestellnummer: 7628890 (2010/80/16/N) · LSV 1275
Printed in GDR
DDR 18,– M

Inhalt

M. Ringpfeil

Nutzung von Kohlenwasserstoffen in technisch-biologischen Systemen

Die große Vielfalt der Kohlenwasserstoffe wird heute in biotechnischen Prozessen kaum genutzt. Im wesentlichen kennen wir vier Prozesse, in denen Kohlenwasserstoffe und biogenes Material bewußt zusammengebracht werden: in der biologischen Reinigung industrieller Abwässer, in der mikrobiellen Synthese von Biomasse, in der mikrobiellen Synthese von Stoffwechselprodukten und in der Extraktion von Naturstoffen (Abb. 1).

1. Biologische Abwasserreinigung

$$C_nH_m + O_2 + N, P\ldots \rightarrow \text{Biomasse} + \boxed{CO_2 + H_2O}$$

2. Mikrobielle Eiweißsynthese

$$C_nH_m + O_2 + N, P\ldots \rightarrow \boxed{\text{Biomasse}} + CO_2 + H_2O$$

3. Mikrobielle Synthese von Stoffwechselprodukten

$$C_nH_m + O_2 + N, P\ldots \rightarrow \text{Biomasse} + CO_2 + H_2O + \boxed{C_aH_bO_c}$$

$$C_nH_m + N, P\ldots \rightarrow \text{Biomasse} + CO_2 + \boxed{CH_4}$$

4. Extraktion von Naturstoffen

$$\left\{\begin{matrix}\text{Biomasse} \\ C_rH_sO_t\end{matrix}\right\} \xrightarrow{C_pH_q} \text{Biomasse} + C_rH_sO_t.$$

Abb. 1 Prozesse, in denen biogenes Material und Kohlenwasserstoffe in Wechselwirkung gebracht worden sind

Die biologische Abwasserreinigung hat gezeigt, welch breite Palette verschiedener Kohlenwasserstoffe dem oxidativen biochemischen Angriff ausgesetzt ist und letztendlich zu Biomasse, Kohlendioxid und Wasser umgewandelt werden kann [1]. Nicht im gleichen Maße liegen Kenntnisse vor, welche Kohlenwasserstoffe dem anaeroben biochemischen Angriff zugänglich sind und letztendlich zu Methan, Kohlendioxid und Biomasse umgewandelt werden [2].

Probleme aus medizinisch-biologischer Sicht erwachsen dann, wenn Kohlenwasserstoffe mit biogenem Material zusammengebracht werden, das für Nahrungs- oder Futterzwecke bestimmt ist. Das ist bei den Prozessen zur Synthese von Biomasse und Stoffwechselprodukten sowie zur Extraktion von Naturstoffen der Fall. Die toxischen Wirkungen einiger Kohlenwasserstoffe sind bekannt, über ihre biologischen Wirkungen in kleinen Konzentrationen, ihre Abbaubarkeit in biologischen Systemen sowie über die Toxizität der meisten Kohlenwasserstoffe gibt es aber keine oder nur unvollständige Kenntnisse [3].

Mit der rasch steigenden Qualität der analytischen Nachweismethoden für Kohlenwasserstoffe kommt es dazu, daß diese ,,überall" gefunden werden und daß auch der Eindruck entsteht, daß sie aus Mischungen mit biogenem Material niemals wieder vollständig entfernt werden können.

Warum sie dann überhaupt erst einsetzen?, ist eine Frage, der man nicht ausweichen kann. Diese Frage wird heute noch verstärkt durch das Knapperwerden der Erdölressourcen [4].

In den letzten beiden Jahrzehnten ist die industrielle Synthese von mikrobiellem Eiweiß aus Kohlenwasserstoffen des Erdöls rasch entwickelt worden. Ursprünglich als Methode zur Entparaffinierung von Dieselölschnitten und zur Eiweißgewinnung hervorgebracht [5], hat sie die erstere Bedeutung durch den weit stärker ansteigenden Bedarf der Industrie an Normalparaffinen als den des Transportwesens für entparaffinierte, tiefstockende Kraftstoffe sowie durch die aufkommenden Molsiebtrennverfahren verloren, ehe sie praktisch wirksam geworden war.

Die sich schneller als der Futterpflanzenanbau entwickelnde Tierproduktion hat jedoch den Bedarf an Eiweißstoffen so stark in die Höhe getrieben, daß die industrielle Eiweißproduktion auf industriellen Rohstoffen zu einer Produktion mit einem der gegenwärtig höchsten Konzentrationsgrade geworden ist. Es gibt Anlagen mit einer Jahreskapazität von mehreren Hunderttausend Tonnen Produkt, wie sie in der UdSSR in verschiedenen Teilen des Landes in Betrieb genommen wurden bzw. gebaut werden [6]. Sie verlangen mindestens ebensogroße Rohstoffmengen (Abb. 2).

Anfangs waren nur Erdöldestillate, Methan sowie n-Paraffine aus Harnstoffadduktionstrennungen in solchen Mengen verfügbar. Durch die rasche Entwicklung der Molsiebverfahren für die Gewinnung weitgehendst gereinigter n-Paraffine und die Entwicklung großtechnischer Methanolsynthesen sind auch diese Produkte zugänglich geworden. In der Zukunft sollte sich das auch auf Ethanol und Essigsäure erweitern.

100000 t/a Biomasse erfordern mindestens	100000 t/a	n-Paraffine
oder	500000 t/a	Erdöldestillat
	−400000 t/a	Rücklauf an unumgesetztem Erdöldestillat
oder	100000 t/a	Methan
oder	200000 t/a	Methanol
oder	170000 t/a	Ethanol
oder	250000 t/a	Essigsäure

Abb. 2 Bedarf an organischen Rohstoffen für die mikrobielle Eiweißsynthese

Der Einsatz von höher veredelten Rohstoffen wie n-Paraffine, Methanol, Ethanol oder Essigsäure bringt gegenüber dem Einsatz von Grundrohstoffen wie Dieselkraftstoff und Erdgas zusätzliche Verluste an Kohlenstoff bei ihrer Herstellung mit sich, so daß sich die Bruttoeinsatzmengen an Kohlenstoffträgern bei Anwendung veredelter Produkte nicht unwesentlich erhöhen (Abb. 3). Außerdem verlangt der Einsatz höher veredelter Produkte den Aufbau oder die entsprechende Nutzung von Großanlagen für ihre Herstellung.

100000 t/a Biomasse erfordern	200000 t/a Methanol,
das erfordert	160000 t/a Methan
100000 t/a Biomasse erfordern	170000 t/a Ethanol,
das erfordert	470000 t/a Rohbenzin

Abb. 3 Bedarf an Kohlenstoffträgern für die mikrobielle Eiweißsynthese aus Grundchemikalien [7]

Industriell-synthetisch hergestellte Futtermittel sollen keine höheren Aufwendungen erfordern als landwirtschaftlich hergestellte. Anzustreben ist, daß die Aufwendungen für industrielle Futtermittel unter denen für landwirtschaftliche liegen:

$$\text{Aufwendungen für pflanzliche Futtermittel} > \text{Aufwendungen für den industriellen Rohstoff} + \text{Aufwendungen für die Herstellung des industriellen Futtermittels}$$

Infolge der gegebenen Menge und Kosten für die industriellen Rohstoffe zur Herstellung industrieller Futtermittel kann dieses Ziel nur dann erreicht werden, wenn die Kosten für den Rohstoff gering sind. Die Aufwendungen für die Herstellung des Futtermittels steigen zwar, je geringer der Veredlungsgrad, also auch die Kosten des Rohstoffs sind. Jedoch ist diese ökonomische Größe durch wissenschaftlich-technische Maßnahmen zur Intensivierung und Ökonomisierung des Herstellungsprozesses beeinflußbar.

Es sind also ökonomische Gründe, die für einen bevorzugten Einsatz der Grundrohstoffe für die mikrobielle Eiweißsynthese, also für die Verwendung von Erdöldestillaten und Erdgas sprechen.

Die wissenschaftlichen Forschungsarbeiten in der nun schon beinahe zwei Jahrzehnte währenden Beschäftigung mit der industriellen Synthese von Eiweiß aus Kohlenwasserstoffen beschränkten sich überwiegend auf die empirische Verfahrensentwicklung und die Schaffung von Grundlagen für die Intensivierung der Verfahren. Wenig wurde bisher erreicht zum Verständnis der ablaufenden Prozesse. Gerade aber dieses Verständnis kann die ebenfalls überwiegend auf empirischer Basis erzielten guten Ergebnisse über die Unbedenklichkeit und den biologischen Wert bei der Anwendung der aus Kohlenwasserstoffen gewonnenen Eiweißfuttermittel in der Tierproduktion ergänzen. Das betrifft die Kenntnis über die Aufnahme der einzelnen Kohlenwasserstoffgruppen und -spezies durch die Mikroorganismen. Hier fehlt auch der Vergleich zwischen verschiedenen Mikroorganismengruppen, insbesondere zwischen Bakterien und Hefen. Das betrifft die Kenntnis über das Haftvermögen von Öltropfen an Mikroorganismenoberflächen und die Verteilung der Kohlenwasserstoffgruppen und -spezies im Mikroorganismus.

Das Fehlen dieser Kenntnisse steht zwar der Produktion und der Anwendung der Futtermittel nicht im Wege, es ist noch nicht einmal sicher, ob aus diesen Kenntnissen sich Intensivierungsmaßnahmen ableiten lassen und es ist auch nicht abschätzbar, welchen Stellenwert diese Kenntnisse bei der Beantwortung medizinischer Fragestellungen einnehmen werden. Trotzdem sollten sie zielstrebig erarbeitet werden, weil sie Verständnis für die ablaufenden Prozesse erbringen.

Die Anwendung mikrobiellen Eiweißes aus Erdöldestillaten erfordert eine extraktive Entfernung anhaftender und inkorporierter Kohlenwasserstoffe. In den letzten zwei Jahrzehnten wurde aus verfahrenstechnischer Sicht ein großer Fortschritt erzielt. Erstmalig ist es möglich geworden, kontinuierlich im großindustriellen Maßstab Biomassen bis zu sehr geringen Restkonzentrationen zu extrahieren. Hier stoßen wir bereits an die Grenzen des technischen Fortschritts, der durch die allgemeinen Umweltbedingungen (d. h. Nachweismethoden, Kohlenwasserstoffgehalte verwendeter Hilfsstoffe und vergleichbarer Produkte) gegeben ist. Trotzdem muß festgestellt werden, daß auch für diese Teilstufe des industriellen Prozesses der Herstellung von Eiweißfuttermitteln aus Kohlenwasserstoffen noch zu wenig Kenntnisse vorhanden sind. Das betrifft die optimalen physikalischen und kolloidchemischen Eigenschaften der zu extrahierenden Biomassen und die schon erwähnte Verteilung der Kohlenwasserstoffgruppen und -spezies im Mikroorganismus. Mit diesen Kenntnissen würde eine gesicherte Aussage über die Grenzen der technischen Extrahierbarkeit mikrobieller Biomassen, d. h. über die unvermeidbaren minimalen Gehalte der Biomasse an Kohlenwasserstoffen möglich und damit eine exaktere Grundlage für die Beurteilung medizinisch-biologischer Fragestellungen gegeben, die aus einem allgemeinen Unbehagen über die Verwendung von Kohlenwasserstoffen für die Herstellung von Futtermitteln aufgeworfen werden.

Die Extraktion der Kohlenwasserstoffe erfolgt wiederum mit Kohlenwasserstoffen. Die letzteren – Leichtbenzine – unterscheiden sich von den ersteren – Dieselkraftstoffschnitte – durch das geringere Molekulargewicht. Trotzdem stellt auch ihre vollständige Entfernung aus den Biomassen kein geringes Problem dar, da die mikroskopische Struktur der Zellagglomerate der getrockneten Biomasse bei der thermischen Austreibung des Lösungsmittels Veränderungen erfährt, die sich in einem Rückhaltevermögen für Kohlenwasserstoffe bis zu Temperaturen äußern, bei denen die Zerstörung der molekularen Zellstruktur beginnt [8]. Diese Eigenschaft ist früher nicht beachtet worden. Da solche Lösungsmittel wiederum Gemische darstellen (n-Alkane, iso-Alkane, Aromaten), ist es erforderlich, auch hierfür die Kenntnisse zu erweitern. Die Bedeutung dieser Fragestellung wird noch dadurch erhöht, daß in steigendem Maße Lösungsmittelextraktionen von Naturstoffen zur Gewinnung einzelner Komponenten bei Weiterverwendung des extrahierten Guts als Nahrungs- oder Futtermittel vorgenommen werden bzw. beabsichtigt sind.

Ein schon länger in der industriellen Praxis angewendetes Beispiel ist die Verarbeitung von Ölsaaten zu extraktiv gewonnenen Pflanzenölen für Nahrungszwecke und sogenannten Extraktionsschroten für Futterzwecke. Auch hier wird mit Kohlenwasserstoffgemischen gearbeitet, deren Abtrennung aus den Schroten durch thermische Austreibung unter kontrollierten Bedingungen erfolgt [9].

Zweifellos werden die bei der Extraktion mikrobieller Biomassen aufgeworfenen naturwissenschaftlichen, technischen und medizinisch-biologischen Fragestellungen auf diese vorwiegend auf empirischer Basis entwickelte Industrie einwirken. Auf der anderen Seite ist in dieser Industrie ein umfangreiches know-how über die technischen Prozesse der Extraktion und Lösungsmittelentfernung vorhanden, das für die Extraktion mikrobieller Biomassen noch nicht ausgeschöpft wurde. Eine rechtzeitige gemeinsame Betrachtung der für beide Industrien gültigen Fragestellungen und ihre gemeinsame Lösung kann für beide Seiten nur vorteilhaft sein.

Große Bedeutung kommt gegenwärtig der Prüfung der Anwendbarkeit des Prinzips der Extraktion mit überkritischen Gasen [10] auf die Naturstoffchemie zu. Hier können neue Aspekte für die Beantwortung medizinisch-biologischer und ökonomischer Fragen auftreten.

Die Erzeugung und Anwendung von mikrobiellen Stoffwechselprodukten aus Kohlenwasserstoffen zielt heute vorwiegend in den Nahrungsmittelsektor. Zitronensäure, Glutaminsäure und Lysin sind Beispiele für ernsthafte Versuche in verschiedenen Ländern, vor allem in Japan, n-Paraffine mittlerer Kettenlänge als Rohstoffe zu nutzen [11]. Im Gegensatz zu mikrobiellen Biomassen handelt es sich hier um nichtstrukturierte, molekulareinheitliche Finalprodukte, deren Reinigung von anhaftenden Rohstoffresten nicht so problematisch erscheint. Es fehlen gegenwärtig aber Vereinbarungen über mögliche Restkonzentrationen und deren Bestimmung, wie sie für Biomassen durch die PAG [12] und die IUPAC [13] ausgearbeitet worden sind.

Für die Produktion dieser Stoffe können verschiedene Rohstoffe verwendet werden, da die Rohstoffe erst vollkommen – bis zum C_2-Körper abgebaut und dann auf einem vom eingesetzten Rohstoff unabhängigen Weg von der Zelle gebildet werden. Außerdem handelt es sich im Gegensatz zu Biomassen nicht um Massenprodukte, sondern um Spezialprodukte, deren Produktionshöhe in der Größenordnung einiger Tausend Tonnen pro Jahr liegt. Für eine solche Produktion ist die Bereitstellung geeigneter Rohstoffe nicht problematisch. Es bestehen also keine zwingenden Gründe zur Verwendung von Kohlenwasserstoffen. Anders ist das schon, wenn an die synthetische Herstellung von Fetten gedacht wird, die ernährungsphysiologisch optimiert sind. Über die zweckmäßigste Rohstoffart kann zur Zeit noch wenig ausgesagt werden. Die massenweise Herstellung solcher ungesättigten Fettsäuren wie z. B. Arachidonsäure scheint nach den heutigen Kenntnissen nicht durch den Anbau von Pflanzen, wohl aber über die Nutzung der Syntheseleistungen von Mikroorganismen möglich zu sein. Neben den Begriff des „Single Cell Protein“ wurde der des „Single Cell Oil“ gestellt [14]. Allerdings sind auch hier die naturwissenschaftlichen und technischen Kenntnisse noch sehr gering. Im Falle der Anwendung von Kohlenwasserstoffen als Rohstoff muß die Beherrschung von mindestens vier parallel ablaufenden Fettsäurebildungsmechanismen in den Mikroorganismen vorausgesetzt werden: direkte terminale Oxidation von Kohlenwasserstoffen bei unveränderter Kohlenstoffzahl, partieller oxidativer Abbau zu Fettsäuren mit geringerer Kohlenstoffzahl, de-novo-Synthese und Kettenverlängerung.

Mit dem Vorrücken der Pharmakologie der Fettsäuren, die gegenwärtig in rascher Bewegung ist [15], kann diese Fragestellung jedoch zu einer technischen Aufgabe werden. Sollte eine solche Entwicklung einsetzen, dann ist die vollständige Trennung von sehr ähnlichen Stoffen: Fettsäuren – Kohlenwasserstoffe relevant. Die Ausarbeitung solcher Trennmethoden könnte wiederum die heute vorerst beiseite gelegten Nutzungsmöglichkeiten von Phosphatiden, Fettsäuren, Vitaminen und Coenzymen aus den zwangsweise anfallenden Extrakten der Erdöldestillathefen [16] für Nahrungszwecke wiederbeleben. Auch die Erzeugung der erwähnten speziellen Produkte wie Zitronensäure aus Kohlenwasserstoffen [17] könnte dann einen neuen Aspekt erhalten, der die Rohstoffauswahlmöglichkeiten vergrößert.

An diesen Beispielen wird deutlich, daß für die Nutzung der Synthesemöglichkeiten der Mikroorganismen nicht nur die mikrobiologischen, biochemischen und biotechnologischen Forschungen zur Fermentation Bedeutung besitzen, sondern mindestens ebenbürtige Bedeutung den chemischen, physikalischen und biotechnologischen Forschungen zur Stofftrennung und -reinigung zuzumessen ist. Es ist sogar nicht ungerechtfertigt, zu behaupten, daß die fermentative Herstellung solcher Stoffe auf einem empirischen Niveau möglich ist, ihre Aufbereitung zu reinen Finalprodukten jedoch nur durch eine Beherrschung der naturwissenschaftlichen und technologischen Grundlagen der Trennoperationen erreicht wird. Diese grundsätzliche Fragestellung stellt gleichzeitig eine Aufforderung dar und richtet sich vor allem an die mit physikalischer Chemie und Naturstoffchemie Beschäftigten, diese Problematik in ihre Denkmodelle und Forschungsarbeiten einzubeziehen.

Es bleibt die Frage zu behandeln, ob das Knapperwerden der Erdölressourcen die Entwicklung einer Kohlenwasserstoffmikrobiologie überflüssig macht.

Die Antwort sollte einfach sein. Gegenwärtig werden weltweit noch mehr als 95% des geförderten Erdöls für energetische Zwecke verbraucht. Ein weises, vorausschauendes Umgehen mit den natürlichen Ressourcen wird Erdöl noch für Jahrhunderte als Rohstoff für die stoffwandelnde Industrie erhalten [18]. Gerade in einer Zeit, in der sich die Menschheit der Begrenztheit des fossilen Kohlenstoffs bewußt wird, ist es erforderlich, Stoffwandlungsmethoden auszuarbeiten und anzuwenden, die eine möglichst rationelle Verwendung dieser Rohstoffe erlauben. Mikrobiologische und biochemische Verfahren können in diesem Sinne in die Erdölverarbeitung einbezogen werden.

Betrachten wir heute Kohlenwasserstoffe als Rohstoffe für die mikrobiologische Industrie und beschränken uns nur auf die wichtigsten Kenngrößen eines Rohstoffs: Verfügbarkeit, Qualität und Kosten, so zeigen sich Probleme außerordentlicher Komplexität, deren Lösung und Beherrschung nur durch weitere intensive Forschung und darunter vor allem Grundlagenforschung möglich ist.

Unsere Klassensitzung ist als Beitrag gedacht, diese Probleme bewußt zu machen und Lösungswege aufzuzeigen.

Literatur

[1] Wasserschadstoff-Katalog, 1975 Institut für Wasserwirtschaft der DDR, Berlin.

[2] Evans, C. W., Nature 1977, **270**, 17–22.

[3] Blumer, M., Angew. Chem. 1975, **87**, (15) 527–554.

[4] Chem. Ind. 1978, **30** (12), 694–695.

[5] Champagnat, A., Deparafinage microbiologique arce production de dondentres proteines-vitamines. VI. Welterdölkongreß 1963, Frankfurt/Main.

[6] Skrjabin, G. K., Industrija newidimok, Prawda, 10. 3. 1979.

[7] Klare, H. jr., Mitteilung 1979.

[8] Beck, D., Biedermann, W., Heinze, G., Schmidt, J., Malzahn, J., Ringpfeil, M., Die Wechselwirkung von Biomassen mit niedrig- und hochsiedenden Kohlenwasserstofffraktionen. Klassensitzung 1979.

[9] Rudischer, S., Fachbuch der Margarineindustrie, Fachbuchverlag Leipzig, 1959.
[10] Wetzel, H., Stofftrennung mit überkritischen Gasen. Literaturbericht ItC, 1979.
[11] Fukui, S., Tanaka, A., Dechema-Monograph. 1979, **83**, 181–196.
[12] Documents on Single Cell Protein issued by PAG 1976, March 15. PAG Guideline Nr. 6. PAG Guideline Nr. 15.
[13] Appl. Chem. Division of IUPAC - Technical Report No. 12, August 1974.
[14] Ratledge, C., Dechema-Monograph. 1979, **83**, 165–179.
[15] Förster, W., Mitteilung 1978.
[16] Voigt, B., Seidel, H., Müller, H., Beck, D., Ringpfeil, M., Riedel, M., Bauch, J., Gentzsch, H., Bohlmann, D., Chem. Techn. im Druck.
[17] Behrens, U., Stottmeister, U., Weiszbrodt, E., Meinhold, I., DD PS 130046, C 12 D 1/04, 1977.
[18] Alexandrow, A., Perspektiven der Energiewirtschaft. ND 21./22. 4. 1979, 12.

R. M. Fedorowitsch, I. P. Sidorowa, L. A. Zjukowa
J. B. Lewandowskaja, W. M. Scharowa und R. K. Schmirewa

Kohlenwasserstoffe verschiedener Klassen – ständige Komponenten der lebenden Organismen

Wie vielfältige Untersuchungen zeigten, enthalten alle Objekte der lebenden Natur ohne Ausnahme, von den Mikroorganismen bis zu den Geweben der höheren Lebewesen und des Menschen, Kohlenwasserstoffe in einem sehr breiten Spektrum.

Qualitative Zusammensetzung der Kohlenwasserstoffe

Am ausführlichsten wurde die Untersuchung der pflanzlichen Kohlenwasserstoffe durchgeführt, die bereits in der ersten Hälfte des vorigen Jahrhunderts [1] begann und hauptsächlich mit der Bestimmung der Zusammensetzung von Pflanzensäften, von flüchtigen Ätherverbindungen, Speiseölen und kutikularen Wachsüberzügen in Zusammenhang stand. In der Monografie von W. KARRER [2] ist eine Aufstellung der festgestellten Kohlenwasserstoffe und ein Literaturverzeichnis enthalten, das Arbeiten von 1841 bis zur Mitte der 50er Jahre unseres Jahrhunderts umfaßt.

In weiteren Arbeiten sind Angaben zur Zusammensetzung der Kohlenwasserstoffe, die in Pflanzen [3–68], Mikroorganismen [15, 19, 69–87], in Geweben von Tieren [60, 88–118] und des Menschen [119–128] gefunden wurden.

In den oben angeführten Arbeiten sind Angaben enthalten, daß in den pflanzlichen Objekten viele Kohlenwasserstoffe aus der Fett- und der aromatischen Reihe bestimmt wurden. Besonders ist hervorzuheben, daß eine sehr große Gruppe diejenigen Kohlenwasserstoffe darstellen, die nach ihrem Bau zu den Isoprenderivaten gezählt werden können und die Isoprenoide genannt werden.

Zu dieser Gruppe gehören die Terpene, die sich in den Harzen von Nadelhölzern finden. Mit Wasserdampf aus dem Harz herausgetrieben, stellen sie die Hauptmasse des Terpentins dar. Einige Terpene wurden auch in anderen Objekten gefunden, speziell in der Schale von Äpfeln [12] und in der Kutikula der Grashüpfer [108]. Eine isoprenoide Struktur haben die Karotine, die der Möhre die charakteristische Farbe geben, das Lykopin, das die Tomaten und viele Pflanzen oder ihre Teile rot färbt. Diese Struktur hat das Squalen, das zuerst in der Leber von Haifischen und später überall gefunden wurde. Der Naturkautschuk und sein Transisomer Guttapercha sind auch Isoprenoide.

Nicht ganz zu Recht zählt man zu den Isoprenoiden auch die gesättigten

Kohlenwasserstoffe, die eine normale Kohlenstoffkette mit seitlichen Methylgruppen an jedem fünften Kohlenstoffatom haben. Zu einem solchen Kohlenwasserstofftyp zählen speziell Phytan und Pristan, die fast ständigen Begleiter der Paraffinkohlenwasserstofffraktionen.

Die Strukturen der wichtigsten Gruppe der genannten Kohlenwasserstoffe sind in den folgenden Tabellen gezeigt.

Die Zusammensetzung der Kohlenwasserstoffe von Mikroorganismen ist weniger ausführlich untersucht. Die Mehrzahl der Arbeiten betrifft die Bestimmung der Zusammensetzung von Paraffinen mit normaler und Isostruktur und seltener von Olefinen. Als Beispiel sind in der Tabelle 4 Angaben zum Gehalt der Paraffinfraktion der Hefe Candida tropicalis, die auf verschiedenen Nähr-

Tabelle 1 Liste von Kohlenwasserstoffen der Fettreihe aus Pflanzen

Normalparaffine:

C_6H_{14}	Hexan	$C_{17}H_{36}$	Heptadekan	$C_{28}H_{58}$	Oktakosan
C_7H_{16}	Heptan	$C_{18}H_{38}$	Oktadekan	$C_{29}H_{60}$	Nonakosan
C_8H_{18}	Oktan	$C_{19}H_{40}$	Nonadekan	$C_{30}H_{62}$	Triakontan
C_9H_{20}	Nonan	$C_{20}H_{42}$	Eikosan	$C_{31}H_{64}$	Untriakontan
$C_{10}H_{22}$	Dekan	$C_{21}H_{44}$	Unkosan	$C_{32}H_{66}$	Dotriakontan
$C_{11}H_{24}$	Undekan	$C_{22}H_{46}$	Dokosan	$C_{33}H_{68}$	Tritriakontan
$C_{12}H_{26}$	Dodekan	$C_{23}H_{48}$	Trikosan	$C_{34}H_{70}$.	Tetratriakonten
$C_{13}H_{28}$	Tridekan	$C_{34}H_{50}$	Tetrakosan	$C_{35}H_{72}$	Pentatriakonten
$C_{14}H_{30}$	Tetradekan	$C_{25}H_{52}$	Pentakosan	$C_{36}H_{74}$	Hexatriakonten
$C_{15}H_{32}$	Pentadekan	$C_{26}H_{54}$	Hexakosan	$C_{37}H_{76}$	Heptatriakonten
$C_{16}H_{34}$	Hexadekan	$C_{27}H_{56}$	Heptakosan	$C_{38}H_{78}$	Oktatriakonten

Isoparaffine mit derselben Zahl von Kohlenstoffatomen
Normalolefine mit einer Doppelbindung vom Äthylen bis zu den Triakontenen mit einigen Doppelbindungen, sowie auch Isoolefine mit mehreren Doppelbindungen
Azetylenkohlenwasserstoffe $C_{12}H_{22}$ und $C_{13}H_{24}$

Tabelle 2 Beispiele von aromatischen Kohlenwasserstoffen aus Pflanzen

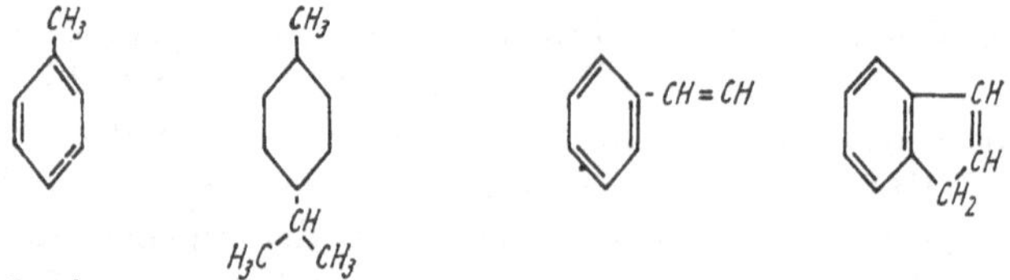

Toluol p-Methyliso-propylbensol (p-Zymol) Styrol Inden

Tabelle 3 Beispiele von Kohlenwasserstoffen – Isopren-Derivate (Isoprenoide)

Aliphatische Terpene:

Myrzen

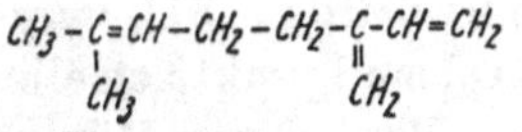

Ozymen

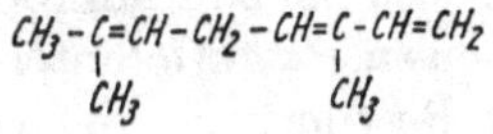

Monozyklische Terpene:

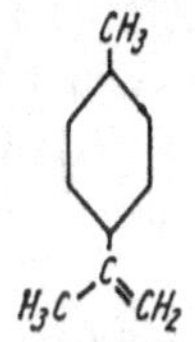

α-Limonen

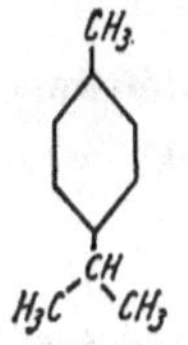

Menten

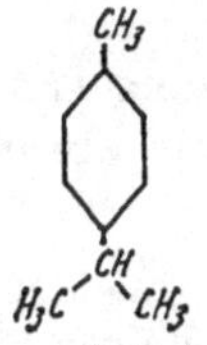

α-Phelandren

Bizyklische Terpene:

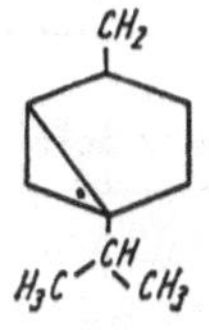

Sabinen

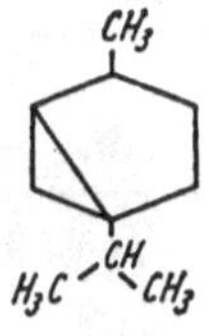

Thuyon

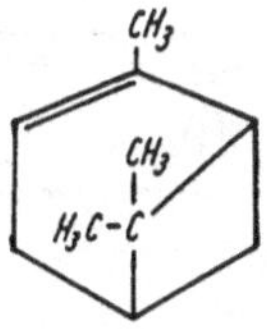

α-Pinen

Squalen

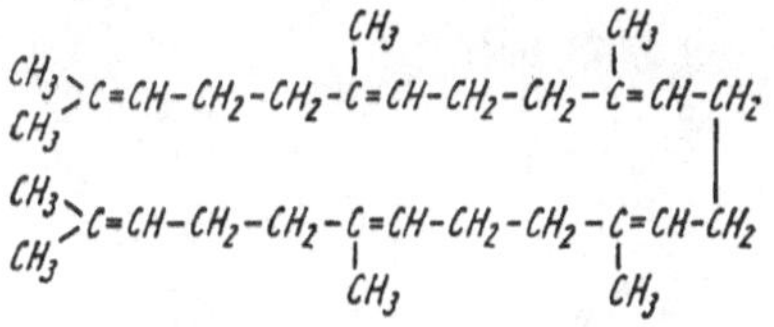

β-Karotin

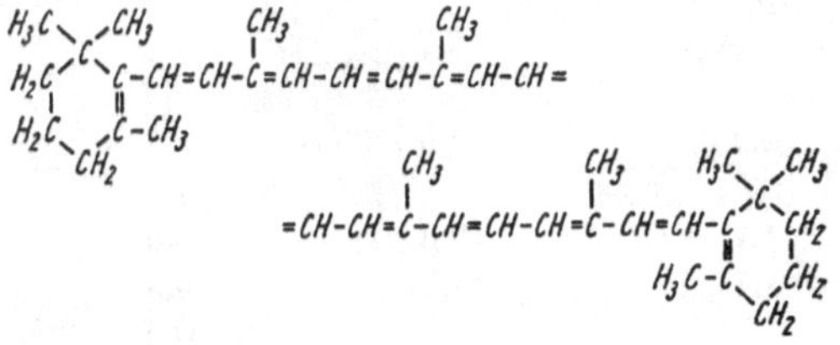

Lykopin

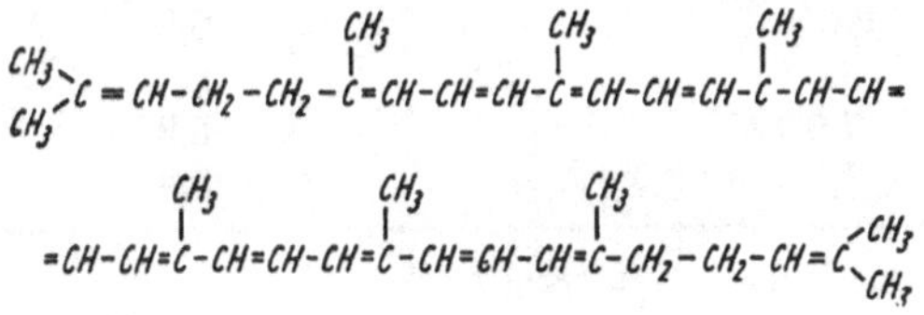

stoffen gezüchtet wurde [84], angeführt; in den Abbildungen 1 und 2 sind die Chromatogramme der Fraktionen von Alkanen, die aus Darmbakterien Escherichia coli und aus Nährhefe abgetrennt wurden [81], dargestellt.

In den Geweben der Tiere [60, 80–118] sind praktisch alle genannten Kohlenwasserstoffklassen festgestellt worden. Wie bei den Mikroorganismen sind am ausführlichsten die aliphatischen Kohlenwasserstoffe untersucht worden. Eine bedeutende Zahl von Arbeiten ist der Bestimmung von Kohlenwasserstoffen in den Organen und Geweben von Nutztieren gewidmet [60, 88, 93, 103, 106, 113–118].

Das Ziel der Arbeiten zur Bestimmung von Kohlenwasserstoffen bei Tieren und beim Menschen bestand darin, die Zusammensetzung der Kutikula von

Tabelle 4 Relative Zusammensetzung (in %) von Paraffinen der Hefe Candida tropicalis gezüchtet auf verschiedenen Quellen vom Kohlenstoff (nach Dedjuchina, Andreew, Popkow und Eroschin)

Paraffin	Kohlenstoffquelle:			
	Glukose	Äthanol	Glyzerin	Essigsäure
$C_{14}H_{30}$	0,5			
X*	0,2			
$C_{15}H_{32}$	1,8			
X	0,4			
$C_{16}H_{34}$	16,8	28,5	6,0	3,9
X	2,3	Spuren	0,4	1,1
$C_{17}H_{36}$	12,1	10,7	9,1	13,9
X	0,6	1,6		0,4
$C_{18}H_{38}$	14,2	8,4	6,3	12,3
X	4,3	Spuren		0,5
$C_{19}H_{40}$	15,4	4,7	0,8	6,6
X	0,8	Spuren		1,6
$C_{20}H_{42}$	7,4	3,4	2,7	4,0
X	1,3			1,2
$C_{21}H_{44}$	6,9	4,4	8,5	2,9
X	2,6			1,2
$C_{22}H_{46}$	4,6	4,7	10,3	6,5
$C_{23}H_{48}$	4,3	4,1	17,7	5,6
X				0,5
$C_{24}H_{50}$	1,6	4,7	15,0	7,8
$C_{25}H_{52}$	1,6	10,3	14,0	9,0
$C_{26}H_{54}$		3,5	9,2	8,7
$C_{27}H_{56}$		7,0		8,3
$C_{28}H_{58}$		3,9		2,9

* Mit „X“ sind nichtidentifizierte Isoparaffine bezeichnet.

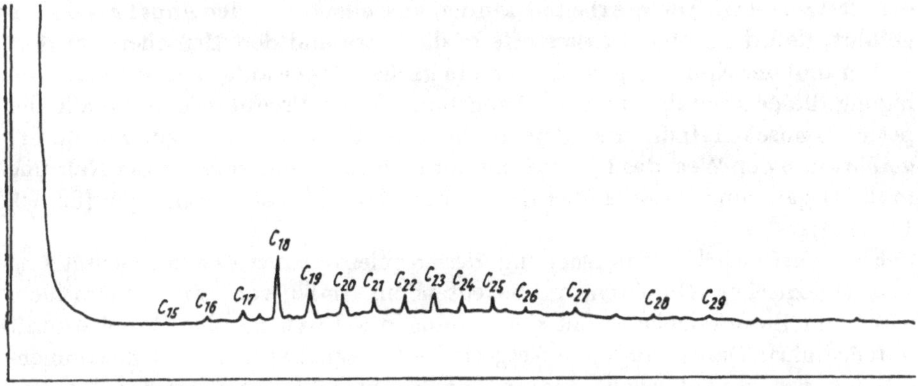

Abb. 1 Gaschromatogramm der Paraffinfraktion aus Escherichia coli (nach CALVIN)

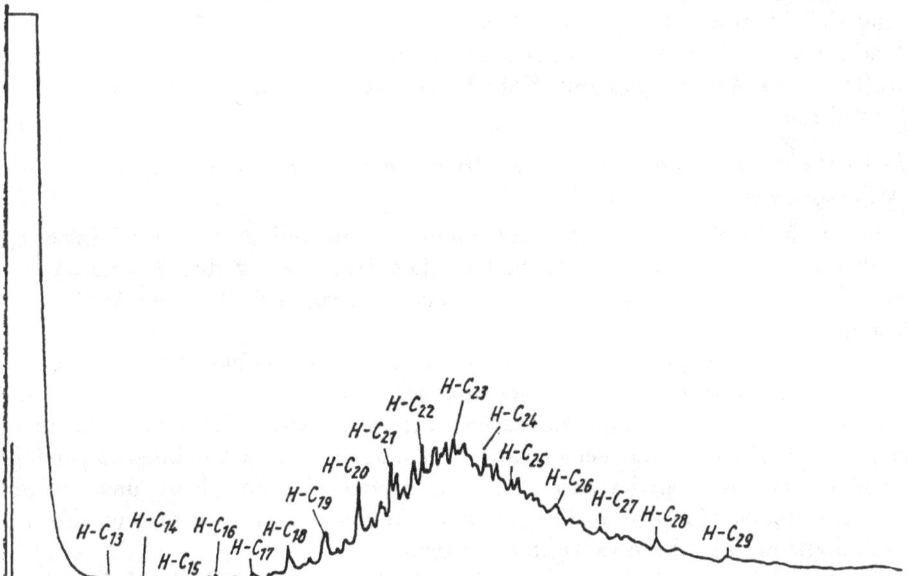

Abb. 2 Gaschromatogramm der Paraffinfraktion aus Backhefe (nach CALVIN)

Insekten [105, 108, 111] und die Abhängigkeit zwischen der Zusammensetzung der Kohlenwasserstoffe im Futter und der Zusammensetzung der Kohlenwasserstoffe, die in den Geweben von Tieren und Fischen gefunden wurden, sowie zwischen der Zusammensetzung der Kohlenwasserstoffe in der Nahrung und der Kohlenwasserstoffe, die in den menschlichen Organen bestimmt wurden, festzustellen. Diese Arbeiten wurden ausgehend von der Annahme durchgeführt, daß die Kohlenwasserstoffe in die Tiere und den Menschen mit dem Futter und der Nahrung gelangen und in großem Maße aufgrund der Verunreinigung dieser Produkte und der Umgebung durch Produkte und Abfälle der petrolchemischen Industrie. Eine Reihe von Arbeiten wurde speziell durchgeführt, um den Weg des Eindringens der Kohlenwasserstoffe aus der Nahrung in die Organe und Gewebe über den Magen-Darm-Kanal zu verfolgen [89, 90, 113, 115].

Eine ausführliche Untersuchung der Kohlenwasserstoffzusammensetzung von biologischen Objekten, in bedeutendem Maße von Mikroorganismen, wurde im Zusammenhang mit der Lösung des Problems der Erdölherkunft durchgeführt. Dabei wurde die festgestellte Übereinstimmung der Zusammensetzung der aliphatischen, und in der Hauptsache paraffinischen Kohlenwasserstoffe des Erdöls, der Mikroorganismen und der Pflanzen als zweifelloser Beweis für die biogene Herkunft des Erdöls angenommen [81, 129–139]. Umfangreiche Untersuchungen auf diesem Gebiet führten zu Arbeiten über die Erklärung des Synthesemechanismus von Verbindungen mit langen kohlenstoffhaltigen Ketten und der Kohlenwasserstoffe selbst durch die lebenden Organismen.

Beurteilung der Methoden für die Bestimmung der Kohlenwasserstoffe in biologischen Materialien

Um sich die Schwierigkeiten der quantitativen und in gewisser Beziehung auch qualitativen Analyse der biologischen Objekte auf den Kohlenwasserstoffgehalt vorstellen zu können, sind einige Besonderheiten der Analyse zu beachten.

Erstens ist die qualitative Zusammensetzung der Kohlenwasserstoffe, wie schon gezeigt wurde, äußerst verschiedenartig.

Zweitens haben alle Kohlenwasserstoffgruppen trotz der Unterschiede in chemischer Hinsicht die gemeinsame Besonderheit, daß bei ihnen irgendein Kennzeichen (heterogenes Atom oder funktionelle Gruppe) fehlt, das nur den Kohlenwasserstoffen eigen wäre. Deshalb können die Kohlenwasserstoffe nur nach direkten Verfahren bestimmt werden.

Drittens ist der Gehalt an Kohlenwasserstoffen in den Objekten der lebenden Natur mit seltenen Ausnahmen so gering, daß ihre Bestimmung nach der quantitativ-analytischen Klassifikation zur Kategorie der Spurenbestimmung gezählt werden kann.

Die in der Literatur beschriebenen Methoden für die Bestimmung der Kohlenwasserstoffe in verschiedenen Objekten [5, 7, 8, 14, 15, 21, 29, 43, 54, 60, 67, 94, 103, 106, 111, 114, 116, 118, 129] sind vielstufig und haben trotz einiger Unterschiede im allgemeinen das gleiche Schema, das in Tabelle 5 gezeigt ist.

Die Kompliziertheit und Mehrstufigkeit der Methode erschwert die Bestimmung sowohl ihres Gesamtfehlers als auch der Fehler der einzelnen Schritte.

Tabelle 5 Schema der analytischen Bestimmung von Kohlenwasserstoffen in biologischen Objekten

- mechanische Behandlung (Zerkleinerung) des Musters;
- Extraktion der Lipidkomponente;
- Aufkonzentrierung der Lösung, oft bis zur völligen Entfernung des Lösungsmittels (bis zur Gewichtskonstanz);
- Hydrolyse (Verseifung) der Esterlipide;
- Extraktion der nichtverseifbaren Komponente aus Hydrolysat;
- Aufkonzentrierung der Lösung, oft bis zur völligen Entfernung des Lösungsmittels (bis zur Gewichtskonstanz);
- chromatographische Reinigung von Kohlenwasserstoffen mit Aluminiumoxid oder Kieselgel;
- Aufkonzentrierung vom Eluat, oft bis zur völligen Entfernung des Lösungsmittels (bis zur Gewichtskonstanz der Kohlenwasserstoffe);
- gaschromatographische (seltener mittels GC-Massenspektroskopie) Analyse der Fraktion der gesättigten Kohlenwasserstoffe;
- Bestimmung von anderen Klassen von Kohlenwasserstoffen und individuellen Kohlenwasserstoffen mit verschiedenen Methoden

Außerdem kann die Inhomogenität des Materials, selbst bei der Analyse eines biologischen Objektes, zum Beispiel der Pflanzenblätter, tierischen Fette oder der Milch, zur Änderung der Fehlergröße und folglich auch der Richtigkeit der Ergebnisse führen.

In der Mehrzahl der Fälle gehen Kohlenwasserstoffe verloren. Die Verluste können besonders groß sein in den Stufen der Extraktion und der Eluierung von den Sorptionsmitteln infolge unvollständiger Extraktion und in den Stufen der Lösungsmitteldestillation bei der Weiterbehandlung der Reste zum Erreichen einer konstanten Masse.

Zur Bestimmung der Kohlenwasserstoffverluste bei der Entfernung des Lösungsmittels wurden in unserem Laboratorium spezielle Versuche durchgeführt.

Zur Einwaage eines Gemisches von n-Alkanen von $C_{13}H_{28}$ bis $C_{23}H_{48}$ mit einer bekannten Zusammensetzung wurden 5 ml Hexan zugefügt, das danach im Luftstrom bei Zimmertemperatur bis auf eine konstante Rückstandsmasse ausgetrieben wurde. In Abbildung 3 ist die Dynamik der Änderung der Kohlenwasserstoffmasse gezeigt und in Tabelle 6 sind Angaben zur Änderung ihrer Zusammensetzung angeführt. Wie aus den angeführten Daten ersichtlich ist, können die Verluste an Kohlenwasserstoffen bei ihrer geringen absoluten Menge, mit der bei biologischen Objekten gewöhnlich gearbeitet wird, wesentlich sowohl auf die Quantität als auch auf die qualitative Zusammensetzung der Kohlenwasserstoffe Einfluß haben.

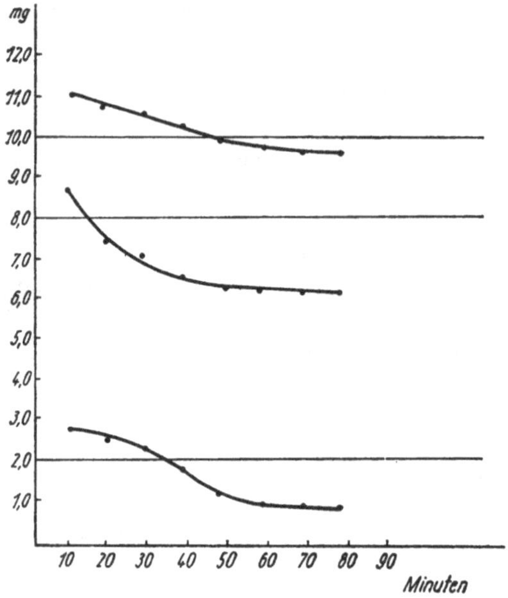

Abb. 3 Dynamik der Veränderung der Masse von Kohlenwasserstoffen bei Entfernung des Lösungsmittels bis zur Gewichtskonstanz

In der Mehrzahl der Arbeiten, die die Bestimmung der Zusammensetzung der Paraffinfraktionen betreffen, ist nur die Anwesenheit von Alkanen meistens ab Tetradekan erwähnt. Unwillkürlich entsteht die Frage, ob dies nicht die Folge des Verlustes an leichten Kohlenwasserstoffen infolge Abtreibung des Lösungsmittels ist, die während der Analyse zwei- oder dreimal durchgeführt wird. In unserer Arbeit [60] wurden, als dieser Umstand speziell beachtet und das Lösungsmittel sehr vorsichtig entfernt wurde, auch leichtere Kohlenwasserstoffe beginnend vom Oktan festgestellt. In der Arbeit [2] sind Angaben enthalten, daß in Pflanzen auch Hexan gefunden wurde.

In unserem Laboratorium wurde der Versuch gemacht, die Summe der zufälligen Fehler der gesamten Methodik für die Bestimmung der Kohlenwasserstoffe im Schweinespeck abzuschätzen. Die experimentellen Daten einer solchen Bestimmung und die daraus berechneten statistischen Merkmale sind in Tabelle 7 angeführt, aus der ersichtlich ist, daß der Variationsfaktor der Methode etwa 40% beträgt. Die nach den Daten dieser Bestimmung konstruierte Kurve der Gauss'schen Verteilung zeigt eine typische Normalverteilungskurve. Man kann auf die Arbeit methodischen Charakters, die der Bestimmung von n-Paraffinen von $C_{14}H_{30}$ bis $C_{33}H_{68}$ in Nahrungsmitteln gewidmet ist, hinweisen [140], in der in etwa das oben angeführte Analysenschema erörtert wurde

Tabelle 6 Verlust und Änderung der Zusammensetzung von Kohlenwasserstoffen bei Entfernung des Lösungsmittels

Einwaage von Kohlenwasserstoffen:				
Ausgangsmasse		10,0 mg	8,0 mg	2,0 mg
Nach der Entfernung des Lösungsmittels		9,7	6,2	0,9
Verlust bei Entfernung des Lösungsmittels		3,0%	25,5%	55%
Zusammensetzung von n-Paraffinen (in %):				
Ausgangsgemisch		Nach der Entfernung des Lösungsmittels von der Einwaage		
		10,0 mg	8,0 mg	2,0 mg
$C_{13}H_{28}$	0,8	–	–	–
$C_{14}H_{30}$	5,5	1,1	0,5	–
$C_{15}H_{32}$	13,5	6,9	5,4	1,8
$C_{16}H_{34}$	19,3	15,6	14,5	10,7
$C_{17}H_{36}$	22,0	23,9	23,9	23,4
$C_{18}H_{38}$	18,4	23,9	24,2	26,3
$C_{19}H_{40}$	12,0	16,5	18,0	20,5
$C_{20}H_{42}$	5,5	8,7	9,3	11,0
$C_{21}H_{44}$	2,1	3,3	3,5	4,6
$C_{22}H_{46}$	0,7	0,9	0,9	1,3
$C_{23}H_{48}$	0,2	Spuren	0,2	0,4

und gezeigt wurde, daß die Standardabweichung gleich fünf ist, was mit unseren Daten übereinstimmt.

Die Betrachtung der vorhandenen Ergebnisse zeigt, daß die Bestimmungsmethoden für Kohlenwasserstoffe sowohl in qualitativer als auch in quantitativer Hinsicht als weit entfernt von der Vollkommenheit eingeschätzt werden müssen. Unter Berücksichtigung des geringen Gehaltes an Kohlenwasserstoffen in den zu analysierenden Objekten ist die erzielte Genauigkeit in vielen Fällen hinreichend annehmbar. Es versteht sich, daß man zur Einschätzung der Zuverlässigkeit der Ergebnisse über statistische Merkmale jeder Methode für jedes Objekt verfügen muß, aber unter Berücksichtigung des geringen Gehaltes des zu bestimmenden Stoffes und der äußerst großen Vielfalt der zu analysierenden Objekte können die notwendigen Charakteristiken der Methoden bei der Bestimmung der Kohlenwasserstoffe in biologischen Objekten nur mittels einer umfangreichen und mühseligen experimentellen Arbeit erzielt werden, um so mehr, als die Kompliziertheit der chemischen Zusammensetzung der natürlichen Stoffe jede Analyse oft in eine ganze analytische Untersuchung verwandelt.

Tabelle 7 Statistische Charakteristik der Bestimmungsmethode der Kohlenwasserstoffe im Schweinespeck

mg von Kohlenwasserstoffen in 50 g Schweinespeck (bei natürlicher Feuchtigkeit)									
7,0	7,6	8,1	8,2	8,2	9,4	10,0	10,2	10,5	10,5
10,5	10,7	11,0	11,0	11,2	11,2	11,2	11,4	11,6	11,7
11,8	11,9	12,0	12,0	12,2	12,6	12,7	12,9	13,0	13,6
13,7	14,0	15,8	16,4	18,1	18,6	19,1	21,3	21,8	22,7
23,2	24,0	24,6	27,0	27,5					
$n = 45$	$\bar{x} = 14{,}4$	$s = 5{,}5$	$r = 4{,}4$	$w = 38{,}2\%$					
Abweichung Δx									
−7,4	−6,8	−6,3	−6,2	−6,2	−5,0	−4,4	−4,2	−3,9	−3,9
−3,9	−3,7	−3,4	−3,4	−3,2	−3,2	−3,2	−3,0	−2,8	−2,7
−2,6	−2,5	−2,4	−2,4	−2,2	−1,8	−1,7	−1,5	−1,4	−0,8
−0,7	−0,4	+1,4	+2,0	+3,7	+4,2	+4,7	+6,9	+7,4	+8,3
+8,8	+9;6	+10,2	+12,6	+13,1					

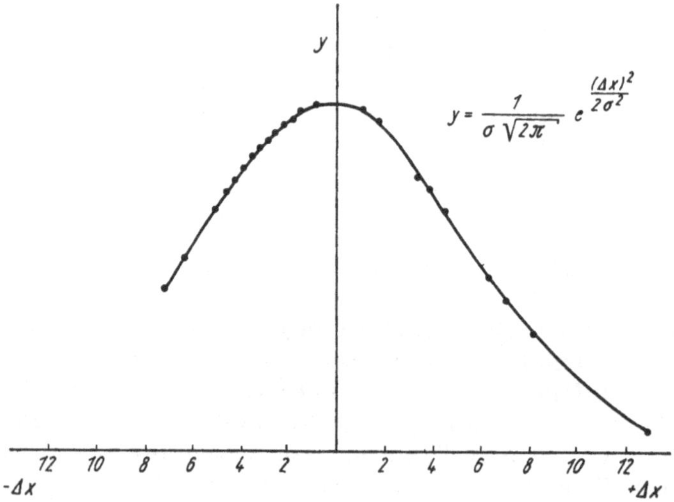

Abb. 4 Gauss-Kurve der Fehlerverteilung der Bestimmungsmethode von Kohlenwasserstoffen im Schweinespeck

Quantitativer Gehalt an Kohlenwasserstoffen in lebenden Organismen

Trotz der großen Anzahl von Arbeiten, die der Bestimmung der Kohlenwasserstoffe in Objekten der belebten Natur gewidmet sind, kann man buchstäblich nur einige davon [15, 60, 85, 103, 106, 113, 114, 115, 116] zu den Arbeiten zählen, in denen der Gehalt an Kohlenwasserstoffen auf die gesamte

Masse des analysierten Objektes oder auf einen bestimmten Teil (Korn, Frucht, Wurzel, Pflanzenblätter, irgendein Organ oder Gewebe eines Tieres) bezogen ist.

Wir führten eine spezielle Arbeit zur quantitativen Bestimmung der Kohlenwasserstoffe in pflanzlichen Objekten, in der Hauptsache in Futter für Nutztiere und in einigen Produkten der Tierzucht durch. Bei der Analyse bestimmten wir die Gesamtsumme der Kohlenwasserstoffe, darunter die Summe der aliphatischen und zykloaliphatischen gesättigten Kohlenwasserstoffe, den Gehalt an n-Paraffinen und ihre relative Zusammensetzung. In der Tabelle 8 sind die Daten zum Gehalt der Gesamtmenge der Kohlenwasserstoffe in pflanzlichen und tierischen Produkten, zur Summe der aliphatischen und zykloaliphatischen gesättigten Kohlenwasserstoffe und zum Gehalt an n-Paraffinen angeführt. Die relative Zusammensetzung der n-Paraffine ist nur in Form der Summe der leichten Paraffine bis einschließlich $C_{22}H_{46}$ und der schweren über $C_{22}H_{46}$ angeführt; außerdem sind die individuellen n-Paraffine, deren Gehalt über den der übrigen herausragt, angegeben.

In den Abbildungen 5 bis 11 sind die Chromatogramme der Fraktion der gesättigten aliphatishen und zykloaliphatischen Kohlenwasserstoffe, die aus Haferkörnern, aus Grasmehl, aus Roggenbrot, Futtersilage, Schweinespeck, Kuhmilch und Schafwollfett gewonnen wurden, dargestellt.

Aus Literaturangaben folgt, daß der Gehalt an Kohlenwasserstoffen in lebenden Objekten, wie bereits oben erwähnt wurde, im allgemeinen nicht sehr hoch ist, aber in relativ weiten Bereichen schwankt. Nach unseren Angaben schwankt der Gehalt an Kohlenwasserstoffen in folgenden Bereichen (in ppm):

für pflanzliche Objekte:

Gesamtmenge	80...1300
Summe der gesättigten aliphatischen und zykloaliphatischen Kohlenwasserstoffe	30... 870
Summe der n-Paraffine,	2... 160

für tierische Objekte:

Gesamtmenge	2... 250
Summe der gesättigten aliphatischen und zykloaliphatischen Kohlenwasserstoffe	1,2... 160
Summe der n-Paraffine	0,1... 60

Die von uns bereits früher festgestellte Tatsache der interessanten Verteilung der n-Paraffine in pflanzlichen und tierischen Objekten [60] zieht die Aufmerksamkeit auf sich. In ersteren überwiegen die langkettigen Paraffine mit ungerader Kohlenstoffatomzahl im Molekül und in den tierischen Objekten die kurzkettigen Paraffine, in denen kein Übergewicht von Kohlenwasserstoffen mit gerader oder ungerader Atomzahl vorhanden ist. In Abbildung 12 ist eine solche Verteilung grafisch dargestellt. In dem Teil mit kurzen Ketten ist die

Tabelle 8 Kohlenwasserstoffgehalt in Futterpflanzen und tierischen Produkten (in ppm bei natürlicher Feuchtigkeit)

Analysen-objekt	Kohlenwasserstoffgehalt					Überwiegendes Paraffin
	Gesamt-menge	Gesättigten aliphatischen und zykloaliphatischen	n-Paraffinen	n-Paraffin-verhältnis zu seiner Summe in %		
				bis $C_{22}H_{46}$	mehr als $C_{22}H_{46}$	
1	2	3	4	5	6	7
Körnerfrüchte:						
– Weizen	540	454	39	72	28	C_{17}, C_{18}
	130	88	14	33	67	C_{29}
	460	332	21	29	71	C_{17}
	80	56	7	32	68	C_{25}, C_{27}, C_{29}
– Hafer	464	420	44	48	62	C_{17}, C_{29}, C_{31}
	600	560	43	83	17	C_{16}, C_{17}
	80	64	2	29	71	C_{23}, C_{25}, C_{27}
– Gerste	130	68	36	38	62	C_{29}
	252	68	19	83	17	C_{17}
	596	536	36	40	60	C_{29}, C_{31}
	548	520	46	83	27	C_{17}
	104	72	13	18	82	C_{29}, C_{31}
– Erbsen	784	680	43	83	17	C_{17}
	280	100	2	19	81	C_{29}, C_{31}
	424	280	25	72	28	C_{17}, C_{18}, C_{19}, C_{31}
– Mais	352	260	14	72	28	C_{16}, C_{17}
	600	40	29	36	64	C_{27}, C_{29}, C_{31}, C_{33}
Heu	800	440	90	10	90	C_{29}, C_{31}
	372	300	161	2	98	C_{29}, C_{31}
	152	112	64	4	96	C_{27}, C_{29}, C_{31}
	208	144	82	3	97	C_{27}, C_{29}, C_{31}
	1212	292	82	2	98	C_{27}, C_{29}, C_{31}
	168	120	53	4	96	C_{29}, C_{31}
	920	400	122	3	97	C_{27}, C_{29}, C_{31}
	1208	350	44	3	97	C_{29}
Stroh	1000	300	38	35	65	C_{29}, C_{31}
	224	192	96	2	98	C_{29}, C_{31}
	200	196	23	7	93	C_{29}, C_{31}
	1232	152	38	5	95	C_{29}, C_{31}, C_{33}
Roggenkleie	348	260	40	87	13	C_{17}
Weizenabgänge	1132	868	68	56	44	C_{17}, C_{31}

Tabelle 8 (Fortsetzung)

Analysen-objekt	Kohlenwasserstoffgehalt					Überwiegendes Paraffin
	Gesamt-menge	Gesättigten aliphatischen und zykloaliphatischen	n-Paraffinen	n-Paraffinverhältnis zu seiner Summe in %		
				bis $C_{22}H_{46}$	mehr als $C_{22}H_{46}$	
1	2	3	4	5	6	7
Rüben	400	40	2	49	51	C_{18}, C_{20}, C_{29}
	320	32	20	2	98	C_{29}
Silagen	1390	560	100	13	87	C_{27}, C_{29}, C_{31}
	236	92	29	5	95	C_{27}, C_{29}, C_{31}
	1296	240	28	5	95	C_{29}, C_{31}
	168	64	25	5	95	C_{27}, C_{29}, C_{31}
Maissilage	768	388	192	6	94	C_{29}, C_{31}
Sonnenblumen-schrot	312	236	15	61	39	C_{17}
Sonnenblumen-ölkuchen	172	48	3	52	48	C_{17}, C_{18}
	88	48	3	45	55	C_{29}, C_{31}
Sojaschrot	96	40	3	51	49	C_{17}, C_{18}
Grasmehl	608	48	13	6	94	C_{27}, C_{29}, C_{31}, C_{33}
Schweinespeck	80	46	2	86	14	C_{17}
	80	44	2	96	4	C_{17}
	86	53	4	96	4	C_{17}
	94	64	6	97	3	C_{17}
	70	40	1	89	11	C_{17}
Hammelfett	160	120	24	71	29	C_{18}
	254	146	35	68	32	C_{18}
	148	94	37	61	39	C_{18}
	204	137	57	65	35	C_{18}
	192	156	50	71	29	C_{18}
Homogenat von Broilerkörpern	54	32	5	57	43	C_{17}
	42	20	2	65	35	C_{15}, C_{17}
	64	20	2	81	19	C_{15}, C_{17}
	46	32	3	68	32	C_{15}, C_{17}
	72	46	5	30	70	C_{17}
	48	12	2	83	17	C_{17}
	90	48	2	76	24	C_{17}
	116	78	4	74	26	C_{17}
	70	48	3	83	17	C_{17}

Tabelle 8 (Fortsetzung)

Analysenobjekt	Kohlenstoffgehalt					Überwiegendes Paraffin
	Gesamtmenge	Gesättigten aliphatischen und zykloaliphatischen	n-Paraffinen	n-Parafinverhältnis zu seiner Summe in %		
				bis $C_{22}H_{46}$	mehr als $C_{22}H_{46}$	
1	2	3	4	5	6	7
Kuhmilch	5	2,0	0,1	35	65	C_{18}, C_{29}
	9	3,0	0,6	39	61	C_{18}, C_{29}
	5	1,4	0,4	42	58	C_{18}, C_{29}
	4	1,2	0,6	38	62	C_{18}, C_{29}
	3	2,0	0,8	56	44	C_{18}, C_{29}
	4	2,0	0,5	36	64	C_{18}, C_{29}
	3	1,2	0,3	40	60	C_{18}, C_{29}
	2	1,6	0,4	39	61	C_{18}, C_{29}

Oktadekanspitze punktiert dargestellt, die in vielen Fällen nicht als individuelle Verbindung erscheint, sondern aus einigen untrennbaren Stoffen besteht.

Kohlenwasserstoffsynthese durch die lebenden Organismen

Die Untersuchungen zur Bestimmung der Zusammensetzung und des Aufbaus der Kohlenwasserstoffe, die in lebenden Systemen vorhanden sind, sowie die Arbeiten in Zusammenhang mit dem Problem der Herkunft des Erdöls riefen ein Interesse an Forschungen zur Entschlüsselung des Mechanismus der Synthese der Kohlenwasserstoffe hervor.

Am weitesten war die Meinung verbreitet, daß sich die Kohlenwasserstoffe, auf jeden Fall die Paraffine mit ausreichend langer Kohlenstoffkette, bei der Dekarboxylierung der entsprechenden Karbonsäuren bilden. Andererseits wurde festgestellt, daß einige bereits gebildete Kohlenwasserstoffe als Ausgangsstoffe für die Bildung einiger in physiologischer Hinsicht äußerst wichtiger Stoffe dienen. So wird zum Beispiel das Vitamin A bei der destruktiven Oxydation des β-Karotins, und das Cholesterin bei der Ringbildung und Oxydation des Squalens gebildet.

Wie die Kohlenwasserstoffe auch immer sich bilden und welche Reaktionen sie im weiteren auch immer eingehen, ihre Synthese beginnt mit der Bildung von Verbindungen, die eine lange Kohlenstoffkette haben.

Der Bildungsmechanismus solcher Kohlenstoffketten wurde sehr gründlich von vielen Forschern an verschiedenen Objekten untersucht [81, 141–151].

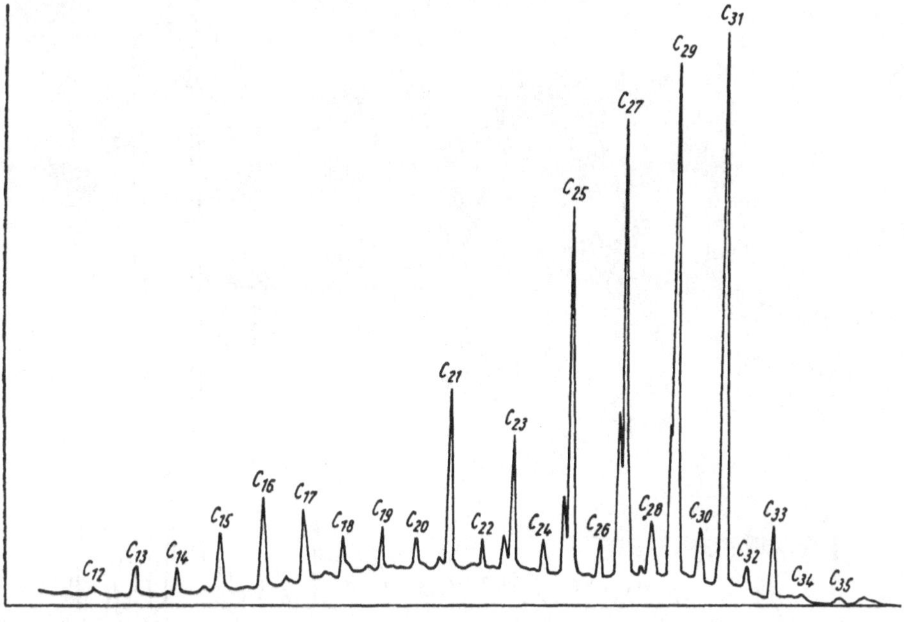

Abb. 5 Gaschromatogramm der Paraffinfraktion aus Hafersamen

Es wurde festgestellt, daß diese Synthese auf verschiedenen Wegen vor sich gehen kann, aber daß das Azetylkoenzym-A unbedingter Begleiter und Ausgangsverbindung ist.

Der erste Weg ist die Bildung einer Fettsäure mit langer Kette, zum Beispiel Palmitin- oder Stearinsäure von Anfang an. Als Ausgangsverbindung dient Acetylkoenzym-A, das nach Anschluß eines Kohlendioxidmoleküls sich in Malonylkoenzym-A verwandelt. Diese Verbindung kondensiert mit dem Molekül des Azetylkoenzym-A. Damit beginnt die Verlängerung der Kohlenstoffkette.

In Abbildung 13 ist das Schema des Anfangsstadiums der Bildung von Palmitinsäure nach diesem Mechanismus gezeigt. Das vorgestellte Schema ist stark vereinfacht, in ihm sind die Zwischenverbindungen und die Stoffe, die diese Verbindungen bilden, nicht gezeigt. Das Schema ist im Stadium der Bildung einer Kohlenstoffkette mit vier Kohlenstoffatomen, dem Butanylkoenzym-A unterbrochen. Weiter verläuft die Kondensation dieser Verbindung mit dem nächsten Molekül des Malonylkoenzym-A und aller Stadien bis zur Bildung einer Kette mit sechs Kohlenstoffatomen. Dieser gesamte mehrstufige Prozeß wiederholt sich so oft, wie notwendig ist zur Bildung von Palmitinsäure nach der Hydrolyse des Palmetylkoenzyms-A, des Endproduktes der Synthese der Kohlenstoffkette mit 16 Kohlenstoffatomen.

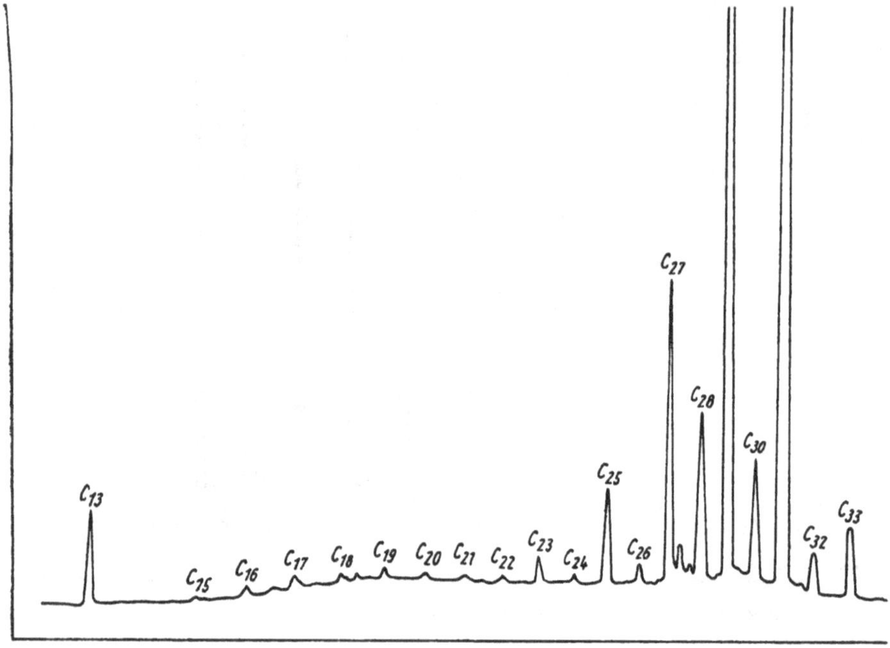

Abb. 6 Gaschromatogramm der Paraffinfraktion aus Grasmehl
C_{13} – Innenstandard

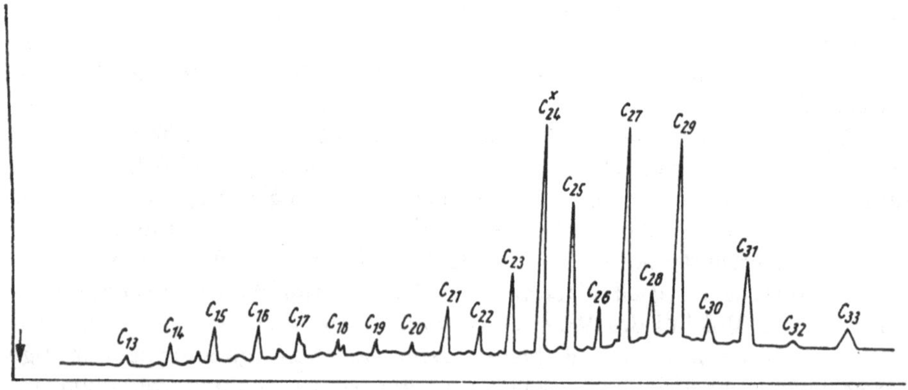

Abb. 7 Gaschromatogramm der Paraffinfraktion aus Roggenbrot
C_{24} – Innenstandard

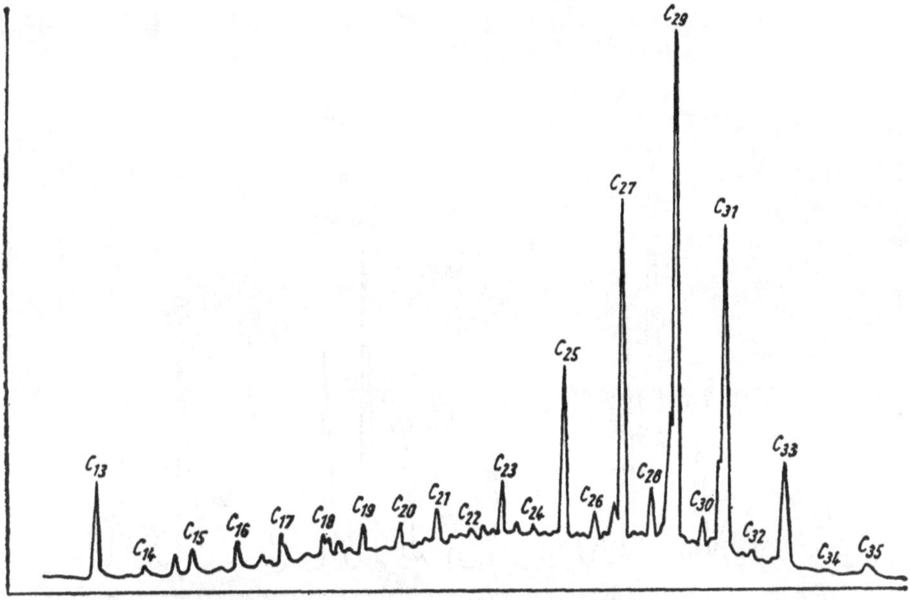

Abb. 8 Gaschromatogramm der Paraffinfraktion aus Silofutter
C_{13} – Innenstandard

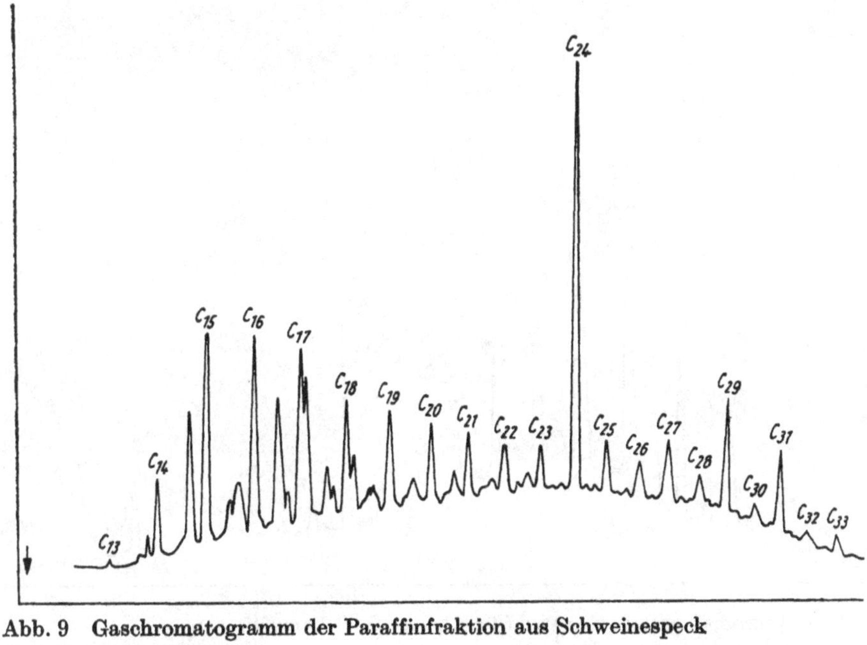

Abb. 9 Gaschromatogramm der Paraffinfraktion aus Schweinespeck
C_{24} – Innenstandard

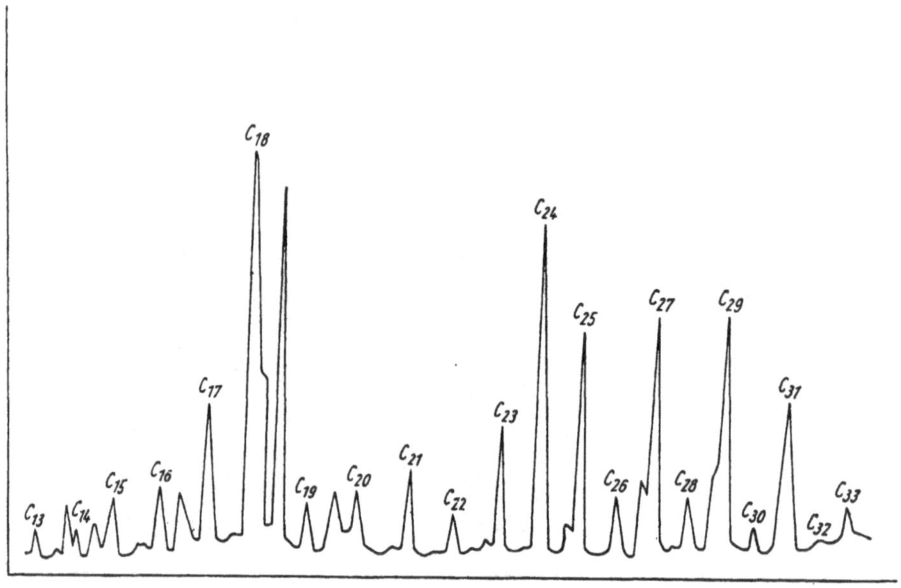

Abb. 10 Gaschromatogramm der Paraffinfraktion aus Kuhmilch
C_{24} - Innenstandard

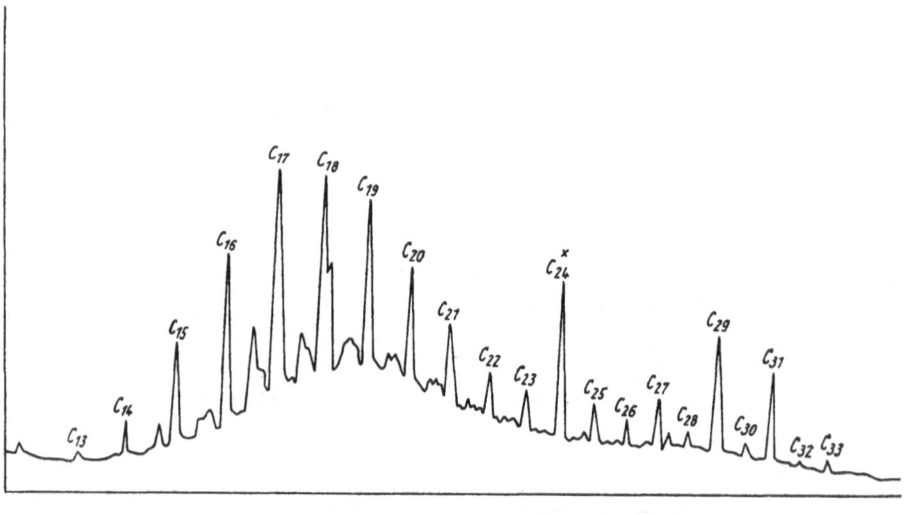

Abb. 11 Gaschromatogramm der Paraffinfraktion aus Schafwollfett
C_{24} - Innenstandard

Der zweite Weg ist die Verlängerung der schon existierenden Karbonsäuren durch die Bildung von Koenzym-A-Ester und die Kondensation dieses Esters mit Acetyl- oder Malonylkoenzym-A. Diesen Weg kann man als einen speziellen Fall des ersten Weges ansehen, der an einer Zwischenstufe beginnt, wenn als Ausgangsprodukt nicht Acetylkoenzym-A oder Essigsäure dient, deren Ester er ist, sondern die schon existierende Säure mit einer hinreichend langen Kohlenstoffkette.

Der dritte Weg ist die Bildung von Kohlenstoffketten mit Isostruktur. Als Ausgangspunkt dient ebenso Acetylkoenzym-A. Zwei seiner Moleküle kondensieren sich unter Bildung des gleichen β-Ketobutanyl-KoA, an das sich das dritte Molekül des Acetyl-KoA bindet. Die Bindung erfolgt an die Ketogruppe und es bildet sich eine Zwischenoxyverbindung, die sich in Mevalonsäure umwandelt und die eine Isostruktur hat.

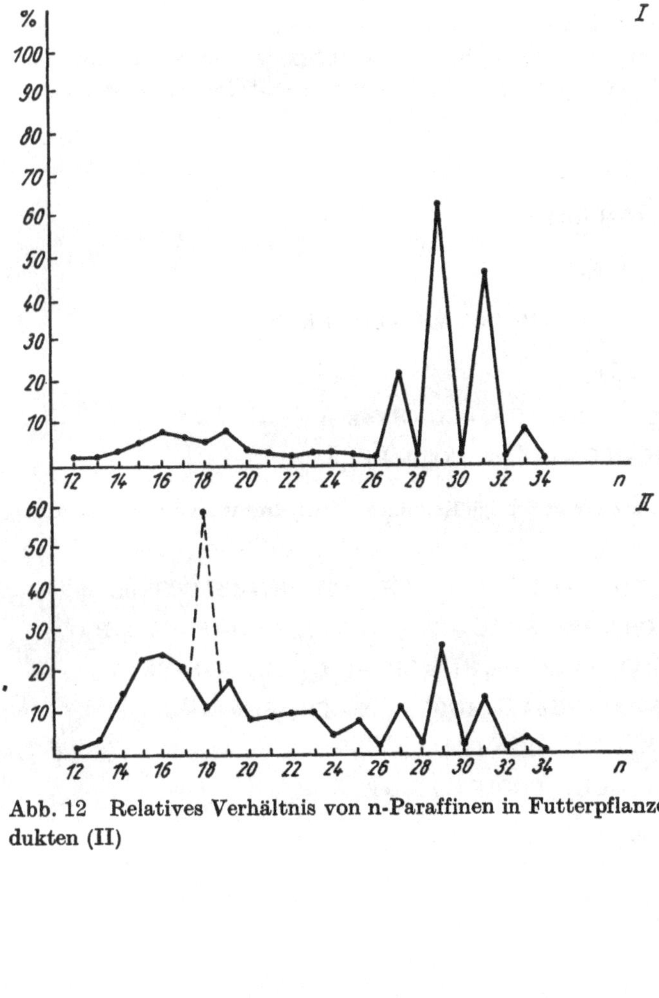

Abb. 12 Relatives Verhältnis von n-Paraffinen in Futterpflanzen (I) und tierischen Produkten (II)

In Abbildung 14 ist das Schema der Synthese der Isoprenoid-Kohlenstoffketten gezeigt, nach dem die Synthese des Squalens und anderer isoprener Kohlenwasserstoffe mit doppelten Bindungen verläuft und bei deren Hydrierung sich sowohl gesättigte Kohlenwasserstoffe dieser Struktur als auch speziell Pristan und Phytan bilden.

Wie oben angeführt, kann die eigentliche Bildung der Kohlenwasserstoffe durch Dekarboxylierung der Karbonsäuren vor sich gehen. Dieser Prozeß erfolgt jedoch nicht durch direkten Verlust an CO_2, sondern verläuft bedeutend komplizierter. Zum ersten Mal wurde ein Bildungsmechanismus der Kohlenwasserstoffe aus Karbonsäuren schon 1929 von Channon und Chibnall [155] vorgeschlagen. Wesentlich später, und zwar 1967 wurde von Robinson [156] ein anderes Bildungsschema der Kohlenwasserstoffe erörtert, das fast vollständig experimentell überprüft wurde. In Abbildung 15 sind die von diesen Autoren vorgeschlagenen Schemata gezeigt.

Daß die Kohlenwasserstoffe von Mikroorganismen und Pflanzen synthetisiert werden, wurde nicht bezweifelt. Der Gehalt an Kohlenwasserstoffen und besonders an Paraffinen in den Geweben der Tiere und des Menschen wurde jedoch oft dadurch erklärt, daß diese Klasse der organischen Stoffe aus der Nahrung eindringt und, wenn sie auch der Tierwelt nicht fremd, so doch auf jeden Fall unerwünscht ist.

Azetyl-Koenzym-A: $CH_3-CO-SKoA$

Bildung von Malonyl-Koenzym-A:

$$CH_3-CO-SKoA + CO_2 \rightarrow HOOC-CH_2-CO-SKoA$$

Bildung von β-Ketobutanyl-KoA:

$$CH_3-CO-SKoA + HOOC-CH_2-CO-SKoA \rightarrow$$
$$\rightarrow CH_3-CO-CH_2-CO-SKoA + CO_2 + HSKoA$$

Bildung von Butanyl-KoA durch folgerichtige Reduktion, Dehydratation und Hydrierung von β-Ketobutanyl-KoA

$$CH_3-CO-CH_2-CO-SKoA + 2[H] \rightarrow CH_3-CH(OH)-CH_2COSKoA$$
$$CH_3-CH(OH)-CH_2-CO-SKoA \rightarrow CH_3-CH{=}CH-CO-SKoA + H_2O$$
$$CH_3-CH{=}CH-CO-SKoA + 2[H] \rightarrow CH_3-CH_2-CH_2-CO-SKoA$$
$$CH_3-CH_2-CH_2-CO-SKoA + HOOC-CH_2-CO-SKoA \rightarrow \ldots$$
$$\ldots \rightarrow CH_3-(CH_2)_{13}-CH_2-CO-SKoA$$
$$CH_3-(CH_2)_{13}-CH_2-COOH + HSKoA$$

Abb. 13 Schema der Bildung von langkettigen Karbonsäuren

Bildung von Mevalonsäure:

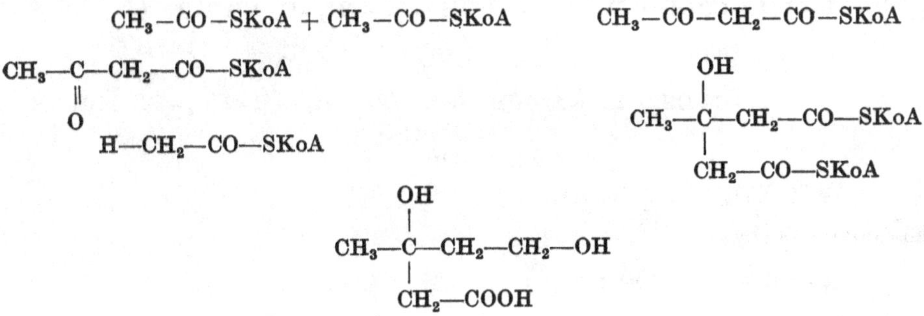

Bildung von Phosphorsäureestern:

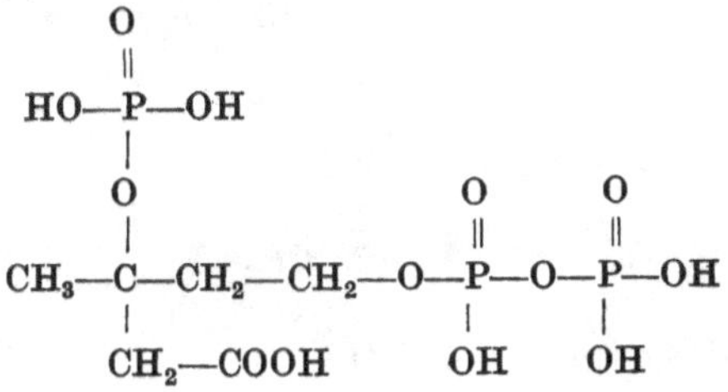

Bildung von Isopentylpyrophosphat:

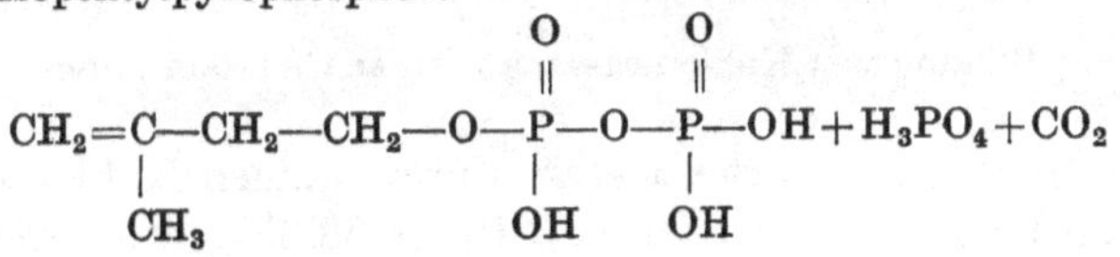

Bildung von Dimethylallylpyrophosphat:

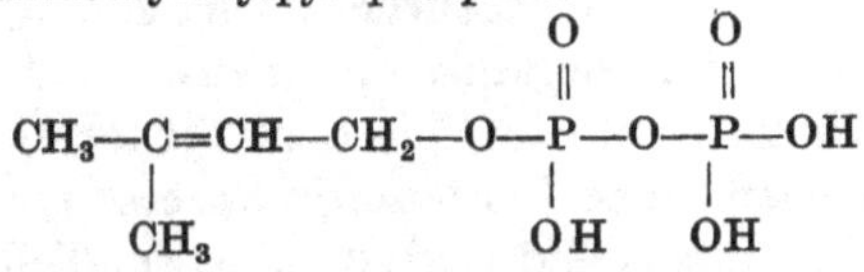

Abb. 14 Schema der Bildung von Kohlenstoffketten mit Isoprenoidstruktur

In den letzten Jahren wurden experimentelle Daten gesammelt, die zeigen, daß die Kohlenwasserstoffe sich auch in den Geweben von Tieren bilden. In der Arbeit [154] wurde festgestellt, daß in der Kutikula von Schaben ein Prozeß der Verlängerung der Karbonsäuren vor sich geht, aus denen sich anschließend die entsprechenden Kohlenwasserstoffe bilden. Eine Arbeit [157] war der Untersuchung des fermentativen Systems gewidmet, das aus dem Sedalnerven eines Kaninchens gewonnen wurde. Es wurde festgestellt, daß dieses System in der Lage ist, nach dem gleichen Mechanismus der Kettenver-

Nach CHANNON und CHIBNALL (1929):

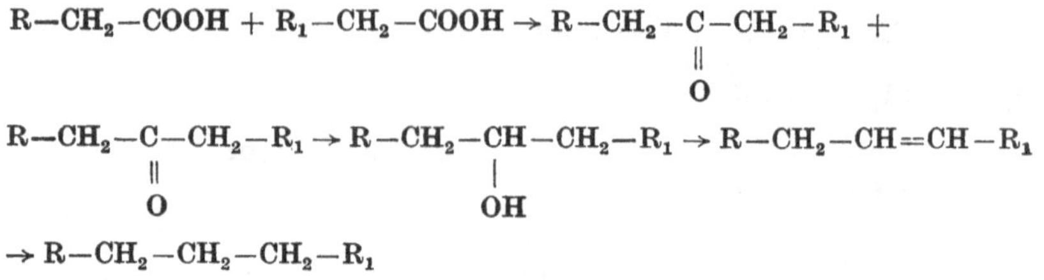

Nach ROBINSON (1967):

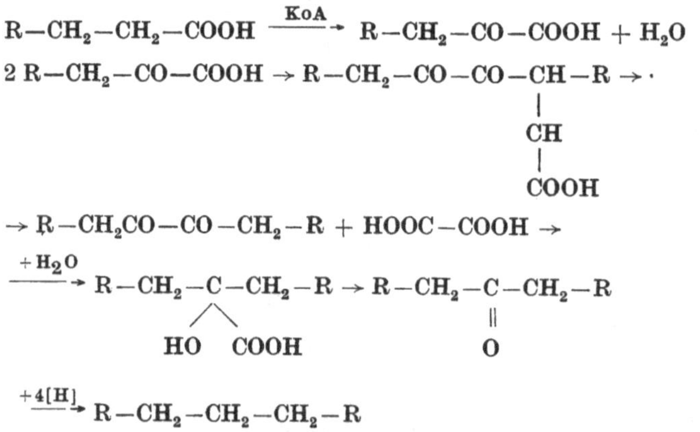

Abb. 15 Schema der Bildung von Kohlenwasserstoffen aus Karbonsäuren

längerung höhere Säuren zu synthetisieren und aus ihnen Kohlenwasserstoffe mit einer Zahl von Kohlenstoffatomen von 19 bis 33 zu synthetisieren.

Aus dem dargelegten Material kann man einen einzigen, aber sehr wichtigen Schluß ziehen. Die Kohlenwasserstoffe sind natürliche Verbindungen, die von allen lebenden Organismen von den Mikroorganismen bis zu den höheren Tieren synthetisiert werden. Die synthetisierten und mit dem Futter eintreffenden Kohlenwasserstoffe treten in verschiedene Verdauungsprozesse ein. Die Rolle der Kohlenwasserstoffe ist nicht ausreichend geklärt, aber ein Teil von ihnen sind Ausgangsverbindungen, aus denen notwendige physiologisch wichtige Stoffe gebildet werden.

Der Gehalt von Kohlenwasserstoffen in lebenden Systemen ist nicht hoch, ihre Zusammensetzung ist äußerst verschiedenartig und sie sind ständige Komponenten der gesamten lebenden Natur.

Literatur

[1] GERARD, CH., CANOURS, A., Just. Lib. Ann. Ch. 38, 1841, 67.

[2] KARRER, W., Konstitution und Vorkommen der organischen Pflanzenstoffe, Birkenhäuser Verlag, Basel–Stuttgart, 1958.

[3] Землинский С. З., Лекарственные растения СССР, Изд. 11, М. 1951.
[4] Stantovy, F., Herout, V., Chemicke listy, Prag **50**, 1956, 672.
[5] Carruthers, W., Johnstone, R.A.W., Nature **184**, N 4993, 1959, 1131.
[6] Downing, D., Kranz, Z. H., Murray, K. E., Austral. J. Chem. **13**, N 1, 1960, 60.
[7] Elinton, G., Gonzalez, A. G., Hamilton, R. J., Raphael, R. A., Phytochemistry **1**, N 1, 1962, 89.
[8] Mazliak, P., Rev. gen. Bot. **70**, N 2, 1963, 437.
[9] Mazliak, P., Ann. biol. **2**, N 1, 1963, 3.
[10] Mold, I. D., Steven, R. K., Means, R. E., Ruth, J. M., Biochemistry **2**, N 3, 1963, 605.
[11] Fernandes, A. M. S., Baker, E. A., Martin, J. T., Ann. Apl. Biol. **53**, N 1, 1964, 43.
[12] Murrey, K. E., Huelin, F. E., Dovenprot, J. B., Nature **204**, 1964, 80.
[13] Oro, J., Noower, D. W., Wikström, S. A., Science **147**, N 3660, 1965, 870.
[14] Мохначев И. Г., Пискалов В. П., Дулан Л. А., Прикл. биохим. и микробиол. **3**, № 3, 1967, 246.
[15] Максимова Г. Н., Воробьеъа Г. И., Щекина Е. В., Григорьева С. Г., Ботникова Т. А., Микробиологич. синтез № 10–11, 1967, 5.
[16] Kaneda, T., Biochemistry **6**, 1967, 2023.
[17] Морозова Н. П., Платонова Т. А., Салькова Е. Г., Прикладн. биохим. и микробиол. **4**, № 1, 1968, 39.
[18] Dyson, W. G., Herbin, G. H., Phytochemistry **7**, N 8, 1968, 1339.
[19] Hann, J., McCarty, E. D., Hoeven, W., Cavin, M., Bredley, W. H., Proc. nat. Acad. Sci USA **59**, 1968, 29.
[20] Han, J., McCarthy, E. D., Calvin, M., Benn, M. H., J. Chem. Soc. **22**, 1968, 2785.
[21] Herbin, G. A., Robins, P. A., Phytochemistry **7**, N 2, 1968, 239.
[22] Herbin, G. A., Robins, P. A., Phytochemistry **7**, N 8, 1968, 1325.
[23] Laseter, J. L., Weber, D. J., Oro, J., Phytochemistry **7**, N 6, 1968, 1005.
[24] Purdy, S. J., Truter, E. V., Proc. Roy. Soc. Ser. B. **158**, 1968, 553.
[25] Гусева А. Р., Пасешниченко В. А., Борихина М. П., Прикл. биохим. и микроб. **5**, № 4, 1969, 475.
[26] Иванов Х. П., Дадова-Ангелова М. С., Докл. Болг. АН **27**, 1969, 571.
[27] Han, J., Chan, H. W. S., Calvin, M., J. Amer. Chem. Soc. **91**, 18, 1969, 5156.
[28] Халимова У. Х., Кадыров И., Исаев Х., Исмаилов А., Хим. природн. соед., № 3, 1972, 756.
[29] Морозова Н. П., Салькова Е. Г., Прикл. биохим. и микробиол. **6**, № 6, 1970, 697.
[30] Степаненко Г. А., Умаров А. У., Маркман Л. Л., Шустанова Л. А., Прикл. биохим. и микробиол. **6**, № 5, 1970, 599.
[31] Gelpi, E., Schneider, H., Mann, J., Phytochemistry **9**, N 3, 1970, 603.
[32] Knights, B. A., Brown, A. C., Conway, E., Myddleditsh, Phytochemistry **9**, N 6, 1970, 1317.
[33] Kolattukudy, P. E., Lipids **5**, N 4, 1970, 398.
[34] Кобахидзе Ш. К., Пискалов В. П., Харобаева Л. М., Прикл. биохим. и микробиол. **7**, № 2, 1971, 243.
[35] Fedeli, E., Cortesi, N., Jacini, G., La rivista italliana delle Sostanze grasse **48**, N 10, 1971, 536.

[36] Hardman, R., Brain, K. R., Phytochemistry 10, N 5, 1971, 1115.
[37] Jackson, L. L., Phytochemistry 10, N 2, 1971, 487.
[38] Хамидова Х. А., Назиров З. Н., Хим. природн. соед. № 1, 111, 1972.
[39] Bachelor, F. W., Paraliher, A. B., Telang, S. A., Phytochemistry 11, N 1, 1972, 442.
[40] Benesôva, V., Strejbl, M., Châu, H. M., Benes, G., Konecny, K., Colleet. Czech. Chem. Communs. 37, N 9, 1972, 3090.
[41] Bottari, F., Marsilia, A., Morelli, S., Phytochemistry 11, N 8, 1972, 2519.
[42] Fisher, D. J., Holloway, P. J., Richmond, D. V., J. Gen. Microbiol. 2, 1972, 72, 71.
[43] Gain, K. N., Gupta, R. L., Phytochemistry 11, N 4, 1972, 1500.
[44] Köstens, J., Willuhn, G., Arch. Pharm. 305, 12, 1972, 944.
[45] Nagy, S., Nordby, H. E., Lipids 7, N 10, 1972, 666.
[46] Nagy, S., Nordby, H. E., Phytochemistry 11, N 9, 1972, 2789.
[47] Nagy, S., Nordby, H. E., Phytochemistry 11, N 9, 1972, 2865.
[48] Nagy, S., Nordby, H. E., Phytochemistry 11, N 11, 1972, 3249.
[49] Hayashi, N., Komae, H., Z. Naturforsch. 28.e, N 3–4, 1973, 232.
[50] Lytle, T. F., Sever, J. R., Phytochemistry 12, N 3, 1973, 623.
[51] Lytle, T. F., Sever, J. R., Phytochemistry 12, N 3, 1973, 630.
[52] Nagy, S., Nordby, H. E., Phytochemistry 12, N 4, 1973, 801.
[53] Nishimoto, S., J. Soc. Hiroshima Univ., Ser. A. 37, N 2, 1973, 375.
[54] Tullock, A. P., Hoffman, L. L., Lipids 8, N 11, 1973, 617.
[55] Зуфаров Ф. Н., Назиров З. Н., Химия природин. соед., № 1, 1974, 80.
[56] Body, D. R., Phytochemistry 13, N 8, 1974, 1527.
[57] Khan, A. A., Kolattukudy, P. E., Biochim. and Biophis. Res. Comm. 61, N 4, 1974, 1379.
[58] Nishimoto, S., J. Soc. Hiroshima Univ. Ser. A, N 1, 1974, 151.
[59] Nishimoto, S., J. Soc. Hiroshima Univ. Ser. A, N 1, 1974, 159.
[60] Федорович Р. М., Шмырева Р. К., Сидорово И. П., Гавриленко С. А., Варфоломеева В. Н., Резкова Т. Е., Левандовская Ю. Б. Докл. ВАСХНИЛ, № 4, 1975, 14.
[61] Chang, S. V., Grunwald, C., Phytochemistry 15, N 6, 1976, 961.
[62] Köhler, L., Güls, P. G., Z. Pflanzenphisiol. 77, N 2, 1976, 99.
[63] Padetti, C., Pushparaj, B., Florenzano, G., Capella, P., Nercker, G., Lipids 11, N 4, 1976, 258.
[64] T. H. M., Science 194, N 4260, 1976, 46.
[65] Tulloch, A. P., Phytochemistry 15, N 7, 1976, 1158.
[66] Tulloch, A. P., Hoffman, L. L., Phytochemistry 15, N 7, 1976, 1145.
[67] Покровский А. А., Писарева Н. А., Утакова Т. М., Эллер К. И., Медведев Ф. А., Синтез метаболизм и роль углеводоров в живых системах. Тезисы долкадов. Пущино, стр. 1977, 23.
[68] Салькова Е. Г., Синтез метаболизм и роль углеводородов в живых системах. Тезисы докладов. Пущино, 1977, стр. 7.
[69] Anderson, R. J., Phyiol. Revs. 12, N 1, 1932, 166.
[70] Beerstecher, E., Petroleum Microbiology, Amsterdam-Elsevier, 1954, p. 375.
[71] Губаев Е. М., Пустовалова Л. М., Укр. биохим. журн. 30 № 1, 1958, 4.

[72] Baker, G. H., Vroman, H. G., Parmere, J., Biochim. and Biophys. Res. Comm. **13**, N 1, 1963, 360.
[73] Blumer, M., Mullin, M. M., Thomas, D. W., Science **140**, 1963, 974.
[74] Blumer, M., Mullin, M. M., Thomas, D. M., Helog. Wiss. Meeresunters. **10**, 1964, 184.
[75] Oro, J., Tornabene, T. G., Nooner, D. W., Gelpi, E., J. Bacteriol. **93**, N 6, 1967, 1811.
[76] Tornabene, T. G., Gelpi, E., Oro, J., J. Bacteriol. **94**, N 2, 1967, 333.
[77] Albro, P. W., Dittmer, J. C., Biochemistry **8**, N 1, 1969, 394.
[78] Albro, P. W., Dittmer, J. C., Biochemistry **8**, N 3, 1969, 953.
[79] Albro, P. W., Dittmer, J. C., Biochemistry **8**, N 5, 1969, 1913.
[80] Albro, P. W., Dittmer, J. C., Biochemistry **8**, N 8, 1969, 3317.
[81] Calvin, M., Chemical erolution. Molecular evolution towards the origin of living systems on the Earth end elsewhere. At the Clarendon Press, Oxford, 1969; Химическая эволюция. Молекулярная эволюция, ведущая к возникновению живых систем на Земле и других планетах. Пер. с англ. под ред. и с предисл. А. И. Опарина. Изд. Мир, М. 1971.
[82] Oro, J., Laster, J. Z., Weber, D., Science **154**, N 3747, 1969, 399.
[83] Albro, P. W., Dittmer, J. C., Lipids **5**, N 3, 1970, 320.
[84] Дедюхина Э. Г., Андреев Л. В., Попков Г. П., Ерошин В. К., Микробиология **44**, № 4, 1972, 664.
[85] Дедюхина Э. Г., Желифонтова В. П., Андреев Л. В., Ерошин В. К., Прикл. биохим. и микробиол. **9**, № 6, 1973, 813.
[86] Дедюхина Э. Г., Желифонтова В. П., Ерошин В. К., Синтез метаболизм и роль углеводородов в живых системах. Тезисы докладов. Пущино, 1977, стр. 5.
[87] Желифонтова В. П., Синтез метаболим и роль углеводородов в живых системах. Тезисы докладов. Пущино, 1977, стр. 12.
[88] Nicholas, H. J., Bombaugh, K. J., Biochem. et Biophys. acta **98**, 1965, 372.
[89] Nagy, S., Modzeleski, V. E., Scott, W. M., Biochem. J. **114**, N 3, 1969, 645.
[90] Albro, P. W., Fishbein, L., Biochim. at Biophys. acta **219**, 1970, 437.
[91] Cavill, C. W. K., Clark, D. V., Howden, M. E. H., Willie, S. C., J. Insect, Physiol. **16**, N 9, 1970, 1721.
[92] Nelson, D. R., Sukkestad, D. R., Biochemistry **9**, N 23, 1970, 4601.
[93] Acman, R. G., Lipids **6**, N 7, 1971, 520.
[94] Покровский А. А., Пономарева Л. Г., Ушакова Т. М., Эллер К. И., Кузнецов Д. И., Медико-биологические исследования углеводородных дрожжей, изд. наука, М. 1972, стр. 214.
[95] Bergström, G., Lofgvist, J., Entomol. Scand. N 3, 1972, 225.
[96] Brez, C. D., Downer, R. G. H., C. r. Acad. Sci **D. 275**, N 13, 1972, 1447.
[97] Horstvanaer, D. J., Ondejans, R. C. H. M., Comp. Biochem. and Physiol. **B 41**, 1972, 823.
[98] Jackson, L. L., Comp. Biochem. and Physiol. **B 41**, 1972, 331.
[99] Nelson, D. R., Sukkestand, D. R., Zaylskie, R. G., J. Lipids Res. **13**, N 3, 1972, 413.
[100] Ondejans, R. C. H. M., J. Insect. physiol. **18**, N 5, 1972, 857.
[101] Cavill, C. W. K., Houghton, E., Austr. J. Chem. **26**, N 5, 1973, 1131.
[102] Hayashi, N., Kamea, H., Hiyama, H., Z. Naturforsch. **C 28**, N 3–4, 1973, 226.

[103] Ужако П. В., Докл. ВАСХНИЛ, № 2, 1974, 27.
[104] Jackson, L. L., Armold, M. T., Reenier, F. E., Insect. Biochem. **4**, N 4, 1974, 369.
[105] Soliday, C. L., Blomquist, G. J., Jackson, L. L., J. Lipids Res. **15**, N 4, 1974, 399.
[106] Baudurski, E. L., Nagy, S., Lipids **10**, N 1, 1975, 67.
[107] Jacob, J., Grimmer, G., Z. Naturforsch. **30**, N 5–6, 1975, 363.
[108] Nelson, D. R., Sukkerstad, D. R., J. Lipids Res. **16**, N 1, 1975, 12.
[109] Mody, N. V., Hedin, P. A., Neel, W. W., Miles, D. H., Lipids **10**, N 2, 1975, 117.
[110] Tulliez, J., Borves, G., Boudene, C., Fevrier, C., Ann. nutr. et alim **29**, N 6, 1975, 563.
[111] Jakson, L. L., Blomquist, G. H., Lipids **11**, N 1, 1976, 77.
[112] Mesarie, M., Popovic, M., Bul. Sci. Acad. Sci et arts RSTY, **A 21**, N 7–9, 1976, 141.
[113] Алимова Е. К., Синтез мезтаболим и роль углеводородов в живых системах. Тезисы докладов. Пущино, 1977, стр. 6.
[114] Ладан П. Е., Ужако П. В., Синтез метаболисм и роль углеводородов в живыж системах. Тезисы докладов. Пущино, 1977, стр. 27.
[115] Соколов Ю. А., Каратун Т. М., Кузьмина Э. В., Синтез метаболизм и роль углеводородов в живых системах. Тезисы докладов. Пущино, 1977, стр. 28.
[116] Ушакова Т. М., Эллер К. И., Воробьева Л. Ш., Медведев Ф. А., Синтез метаболизм и роль углеводородов в живых системах, Тезисы докладов. Пущино, 1977, стр. 25.
[117] Шилова Ж. И., Аствауатурьян А. Т., Синтез метаболизм и роль углеводородов в живых системах. Тезисы докладов, Пущино, 1977, стр. 32.
[118] Эллер К. И., Умакова Т. М., Воробьева Л. Ш., Медведев Ф. А., Синтев метаболизм и роль углеводородов в живых системах. Тезисы докладов. Пущино, 1977, стр. 24.
[119] Riley, R. F., Hokama, J., Kratz, P., Cancer. Res. **18**, N 7, 1958, 825.
[120] Boughton, B., Wheatley, V. R., Biochem. J. **73**, N 1, 1959, 144.
[121] Boitnatt, J. K., Margolis, S., Bull. Johns Hopkins Hosp. **118**, 1966, 402.
[122] Boitnatt, J. K., Margolis, S., Bull. Johns Hopkins Hosp. **118**, 1966, 414.
[123] Gazzarrini, F., Nagy, S., Arch. Biochim. Biophys. **113**, 1966, 245.
[124] Rose, H. G., Liber, A. F., J. Lab. Chin. Med. **68**, N 3, 1966, 475.
[125] Liber, A. F., Rose, H. G., Arch. Pathol. **83**, N 2, 1967, 116.
[126] Skipski, V. P., Barglay, M., Barglay, R. K., Fetzer, V. A., Good, J. J., Archibald, F. M., Biochem. J. **104**, 1967, 340.
[127] Brooks, C. J. W., Steel, G., Harland, W. A., Lipids **5**, N 10, 1970, 818.
[128] Gershbein, L. L., Krotoszynski, B. K., Sing, E. J., J. Cromatog. **27**, N 2, 1976, 431.
[129] Johns, R. B., Belsky, T., McCarty, E. D., Burlingame, A. L. Haug, P., Schnoes, H. K., Richter, W., Calvin, M., Geochim. Cosmochim. Acta **30**, 1961, 1191.
[130] Henderson, W., Eglington, G., Simmonds, P., Lovelock, J. E., Nature **219**, 1012.
[131] Robinson, R., Nature **212**, 1966, 1291.
[132] Hoering, T. C., Criteria for sintable rocks in Precambriase organic geochemistry. Carnedia Institution Yeatbook, 1966, Vol. 65, p. 365.

[133] EGLINTON, G., DOUGLAS, A. G., MAXWELL, J. R., RAMSAY, J. N., Ställberg-Stenhagen, S., 1966, Science **153**, 1133.
[134] HAUG, P., SCHNOES, H. K., BURLINGAME, A. L., Science **158**, 1967, 772.
[135] HOERING, T. C., Researches in organic geochemistry, P. H. Abelson (ed.) Vol. 2, N-Y, 1967, p. 87.
[136] BURLINGAME, A. L., SIMONEIT, B. R., Science **160**, 1968, 531.
[137] MAELEAN, J., EGLINTON, G., DOURAGHI-ZADEN, K., ACKMAN, R. B., HOOPER, S. N., Nature **218**, 1968, 1019.
[138] ГУСЕВА А. Н., ЛЕЙФМАН И. Е., ВАССОЕВИЧ Н. Б., Сб. Исследования органического вещества современных и ископаемых осадков, изд. Наука, М. 1976, стр. 25.
[139] ГУСЕВА А. Н., ЛЕЙФМАН И. Е., Синтез метаболизм и роль углеводородов в живых системах. Тезисы докладов. Пущино, 1977, стр. 8.
[140] BORIES, G. F., TULLIEZ, J. E., J. Sci. Food Agric. **28** (11), 1977, 996.
[141] POPJAK, G., CORNFORTH, J. W., Adr. Enzymol. **22**, 1960, 281.
[142] LYNEN, F., Fed. Proc. **20**, N 4, 1961, 941.
[143] POPJAK, G., Proc. R. Soc. **B 156**, 1962, 376.
[144] MCKENNA, E. J., KALLIO, R. E., Ann. Rev. Microbiol. **19**, 1965, 183.
[145] KOLATTUKUDY, P. E., Biochemistry **5**, 1966, 2265.
[146] KOLATTUKUDY, P. E., Phytochemistry **6**, 1967, 963.
[147] KOLATTUKUDY, P. E., Phytochemistry **6**, 1967, 2705.
[148] KOLATTUKUDY, P. E., Science, **159**, 1968, 498.
[149] KOLATTUKUDY, P. E., Plant, Physiol. **43**, 1968, 375.
[150] KOLATTUKUDY, P. E., Plant. Physiol. **43**, 1968, 1423.
[151] KOLATTUKUDY, P. E., Plant. Physiol. **43**, N 9, 1968, 1466.
[152] FEHLER, S. W. G., HIGH, R. J., Biochemistry **9**, N 2, 1970, 418.
[153] CONRAD, C. W., JACKSON, L. L., J. Insect. Physiol. **17**, 1971, N 10, 1907.
[154] MAJOR, M. A., BLOMONIST, G. J., Lipids **13**, N 5, 1978, 323.
[155] CHANNON, H., CHIBNALL, A., Biochem. J. **23**, N 1, 1929, 168.
[156] ROBINSON, R., Nature, 214, N 5086, 1967, 263.
[157] CASSAGNE, C., DARRIET, D., BOURRE, J. M., FEBS Letters **82**, N 1, 1977, 51.

Zum gegebenen Thema gehört die 1979 veröffentlichte Übersicht: D. E. LESTER, Normal paraffins in living matters – occurrence metabolism and pathology (Prog. Fd. Nutr. Sci., 1979, **3**, pp 1–66), die aber unter den in diesem Artikel behandelten Arbeiten nicht vorkommt, weil hier nur Arbeiten behandelt werden, die bis zum Jahre 1979 erschienen sind.

K. Schreiber

Vorkommen von natürlichen Kohlenwasserstoffen in Pflanzen

Der Engländer A. C. CHIBNALL war ohne Zweifel der Pionier in der Erforschung der Pflanzenwachse. Vor etwa 50 Jahren begann er mit der systematischen Analyse dieser Stoffklasse und insbesondere der hier vorkommenden Kohlenwasserstoffe [1]. Diese Periode war vor allem dadurch gekennzeichnet, daß auf Grund der damals relativ begrenzten analytischen Möglichkeiten sehr große Pflanzenmengen aufgearbeitet und mit einfachen, wenn auch aufwendigen Methoden analysiert werden mußten. CHIBNALL selbst charakterisierte vor einigen Jahren diese ersten Forschungsarbeiten durch die Worte: „220 kg of cabbage, for instance, gave us only 220 g of wax to play with“ [2]. Heute ist die Methodik natürlich weit fortgeschritten. Durch Einsatz zum Beispiel chromatographischer Verfahren wie die Gaschromatographie oder die Hochdruck-Flüssigchromatographie, die Verwendung der Massenspektroskopie und die Kombination dieser Methoden sowie durch den Einsatz der NMR-Spektroskopie ist heute eine routinemäßige Analyse auch komplexer Stoffgemische möglich [3].

Abbildung 1 gibt einen Überblick über die Haupttypen der gesättigten aliphatischen Kohlenwasserstoffe aus Pflanzenmaterial [3–5]. An erster Stelle sind hier die n-Alkane zu nennen, die im allgemeinen von $C_{21}H_{44} \ldots C_{37}H_{76}$ in Pflanzen vorkommen, wobei in der Regel n-Nonacosan ($C_{29}H_{60}$) und n-Hentriacontan ($C_{31}H_{64}$) als Hauptkomponenten vorliegen sowie Verbindungen mit einer ungeraden Zahl von Kohlenstoffatomen vorherrschen. Daneben gibt es verzweigtkettige Paraffine in Pflanzen, und zwar iso-Alkane mit einem Methylsubstituenten in 2-Stellung und anteiso-Alkane mit einem Methyl in 3-Position. Jedoch sind auch mehrfach methylsubstituierte (nichtisoprenoide) Alkane isoliert worden, wie beispielsweise ein 9,11,13,15-Tetramethyl-alkan aus Walnußblattwachs.

Abbildung 2 vermittelt als Beispiel für die Untersuchung pflanzlicher Kohlenwasserstoff-Fraktionen eine Übersicht von Arbeitsergebnissen des eigenen Laboratoriums, und zwar der Analyse von Blättern der Kartoffelpflanze *Solanum tuberosum* L. (Sorte 'Aquila') [6]. Für die Identifizierung der Einzel-

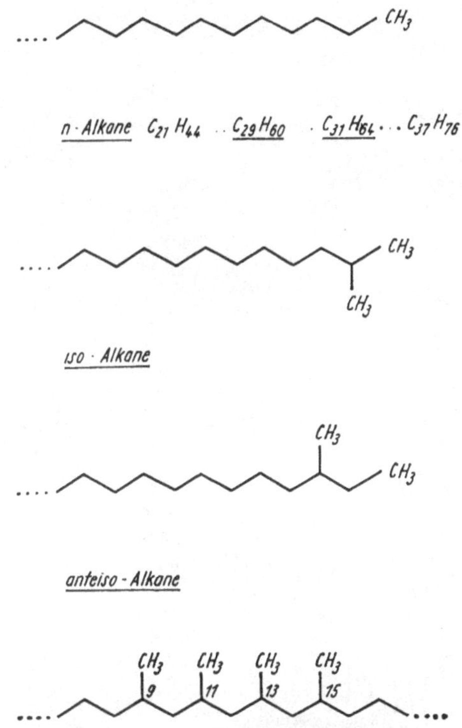

Abb. 1 Tetramethylalkan (Walnußblattwachs)

komponenten der vorliegenden komplexen Gemische bewährte sich die Gaschromatographie sowie die Elektronen-Anlagerungs-Massenspektrographie [7].

Ein weiteres Beispiel sei aus der Literatur zitiert [8]. Bei der gaschromatographischen Analyse der isolierten Kohlenwasserstoff-Fraktion aus der Alge *Chlorella vulgaris* Beij., die unter autotrophen Bedingungen kultiviert worden war, ließ sich eine etwa gleichmäßige Verteilung von Alkanen mit geraden und ungeraden Zahlen von C-Atomen zwischen etwa C_{17} und C_{36} feststellen. Im Gegensatz zu diesen Befunden konnten in der gleichen Alge, die unter heterotrophen Bedingungen angezogen war, als Hauptkomponenten zwei Kohlenwasserstoffe nachgewiesen werden, und zwar Pentacosan ($C_{25}H_{52}$) und Heptacosan ($C_{27}H_{56}$).

Auch kurzkettige, nichtisoprenoide gesättigte und ungesättigte Kohlenwasserstoffe sind gelegentlich nachweisbar bzw. generell in höheren Pflanzen verbreitet [4, 5, 10]. Zu den letztgenannten gehört das Phytohormon Ethylen, das aus Methionin über die 1-Amino-cyclopropan-carbonsäure gebildet wird. Diese Biosynthese ist durch Ethylen selbst im Sinne einer positiven Rück-

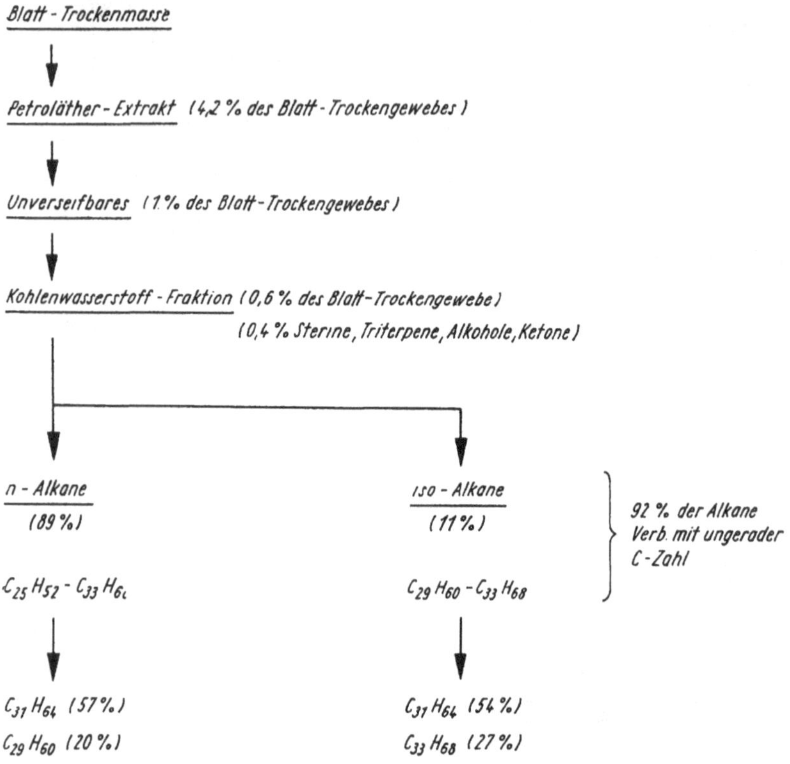

Abb. 2 *Solanum tuberosum* L. aquila

kopplung aktivierbar, so daß es gelegentlich zu einer kaskadenartigen Produktion dieses Hormons kommt, durch das u.a. die Fruchtreifung und pflanzliche Seneszenzprozesse gesteuert werden. Das Terpentinöl einiger *Pinus*-Arten (z.B. *P. jeffreyi* Balf.) besteht fast ausschließlich aus n-Heptan, und im Johanniskraut (*Hypericum*-Species) wurden relativ große Mengen n-Nonan und n-Undecan festgestellt. In der Alpenscharte (*Saussurea*-Species) ließ sich Aplotaxen, das Heptadeca-1,8,11,14-tetraen, und in zahlreichen Asteraceen (Compositen) Acetylen-Kohlenwasserstoffe nachweisen.

Die folgenden Abbildungen 3–7 vermitteln einen Überblick über die Vielfalt der in Pflanzen vorkommenden terpenoiden Kohlenwasserstoffe [4, 5, 10]. Diese Verbindungen gehören zur großen Naturstoffklasse der Isoprenoide und werden aus Acetyl-Coenzym A über Mevalonsäure und Isopentenylpyrophosphat biosynthetisiert. Beispiele sind die Monoterpene (C_{10}-Verbindungen, 2 Isoprenreste) Myrcen, Limonen, α-Phellandren, α-Pinen und Δ^3-Caren (Abbildung 3), die Sesquiterpene (C_{15}-Verbindungen) Lanceol, Humulen, β-Cadinen,

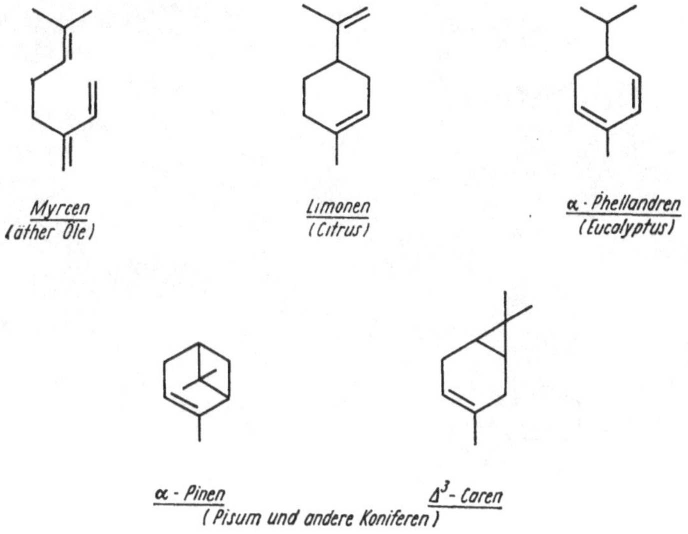

Abb. 3 Monoterpene

β-Caryophyllen und Longicyclin (Abbildung 4) sowie die Diterpene (C_{20}-Verbindungen) Phytan, α-Camphoren und (–)-Kauren (Abbildung 5). Bei dem auch in Pflanzen vorkommenden C_{30}-Kohlenwasserstoff Squalen (Abbildung 6) handelt es sich um das biogenetische Zwischenprodukt der tetra- und pentacyclischen Triterpene sowie – mit Cycloartenol als Intermediärverbindung – der großen Gruppe der Pflanzensteroide. Abbildung 7 zeigt als Beispiel einige tetraterpenoide Carotinoide (C_{40}-Verbindungen), wie das β-Carotin, das Lycopin und das Phytoen.

Schließlich sei auf einige polyisoprenoide Kohlenwasserstoffe hingewiesen, wie auf den Naturkautschuk (*cis*-$(C_5H_8)_n$, n = 6000–10000) u.a. aus *Hevea brasiliensis* (H. B. K.) MÜLL. ARG., *Taraxacum kok-saghys* RODIN bzw. *Parthenium argentatum* A. GRAY (Guayule) sowie auf das Gutta bzw. Guttapercha oder Chichle (*trans*-$(C_5H_8)_n$, n ≈ 100) aus *Palaquium gutta* (Hook.) BAILL.

Durch Intensivanbau von *Hevea brasiliensis* und moderne Methoden der Latexgewinnung und -aufarbeitung lassen sich etwa 2 t Kautschuk pro ha und Jahr gewinnen, und die Jahresweltproduktion von Naturkautschuk beläuft sich heute noch auf etwa 2 Mio t. Im Zuge gegenwärtiger Bemühungen, neben den fossilen auch erneuerungsfähige Kohlenstoffressourcen unter Nutzung der pflanzlichen Photosynthese und CO_2-Assimilation für Zwecke der Energie- und Rohstofferzeugung zu erschließen, werden heute in zunehmendem Umfang Untersuchungen durchgeführt, Polyisoprene und andere hoch reduzierte kohlenwasserstoffähnliche Pflanzeninhaltsstoffe durch Anbau und Extraktion

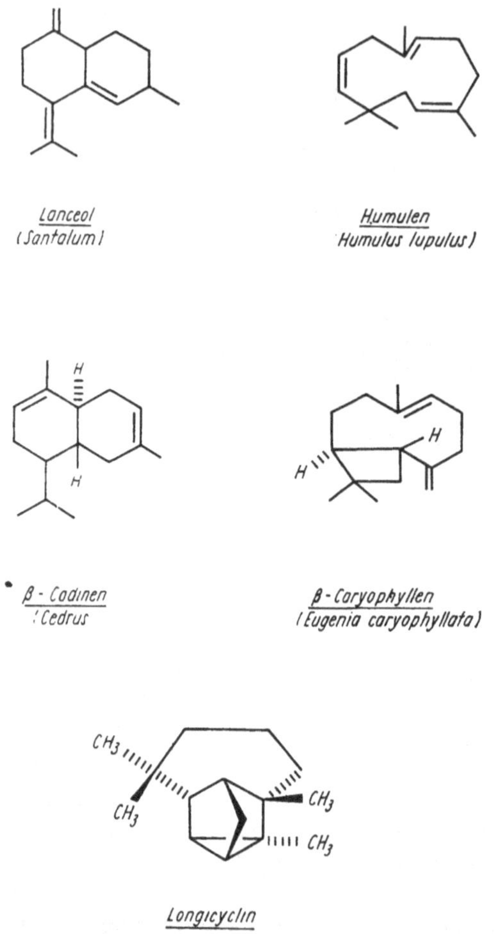

Abb. 4 Sesquiterpene

auch einjähriger Pflanzen zu gewinnen. Im Mittelpunkt des Interesses stehen hierbei vor allem Euphorbiaceen, wie *Euphorbia lathyris* L., *Euphorbia tirucalli* L., aber auch einige Asclepiaceen, Myrtaceen und Asteraceen, wie z.B. *Parthenium argentatum* A. Gray (Guayule) [11–13]. So ließen sich z.B. aus Blättern von *E. lathyris* durch Benzen- und Acetonextraktion 25,3% des Blatt-Trockengewichtes an „Lipoiden" gewinnen, wobei allerdings in diesem Extrakt neben Wachsbestandteilen, Kautschuk und weiteren Isoprenoiden (Terpenoiden) größere Mengen an Glyceriden vorliegen [12]. Durch Behandlung der Pflanzen mit bestimmten Wirkstoffen (z.B. 2,4-Dichlor-phenoxy-essig-

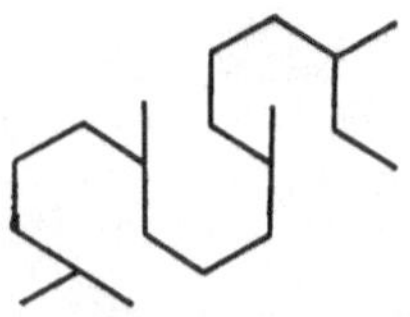

Phytan ($C_{20}H_{42}$)

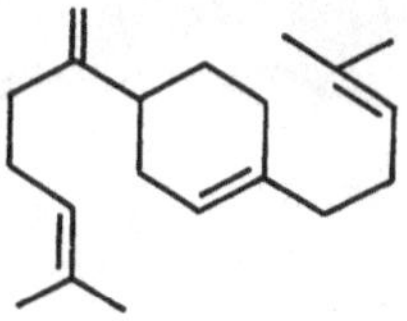

α-Camphoren
(Campheröl)

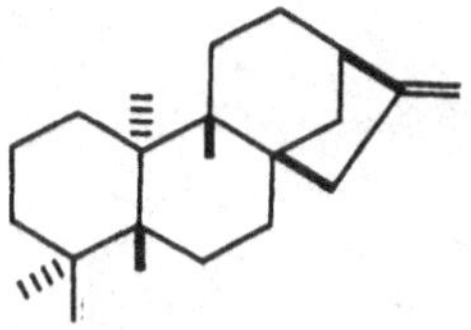

(-)-Kauren

Abb. 5 Diterpene

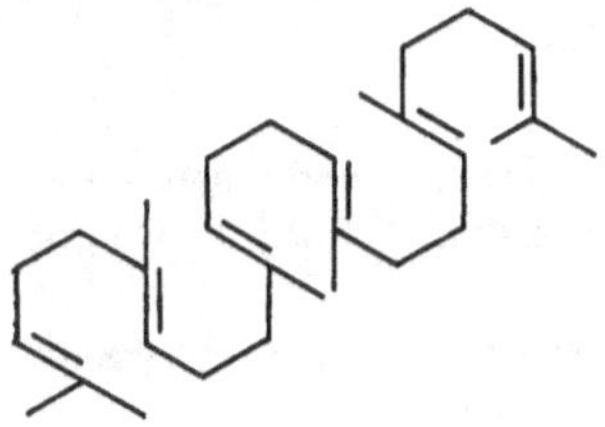

Squalen

Abb. 6 Triterpen

säure, 2-(3,4-Dichlor-phenoxy)-triethylamin bzw. 2-Chlor-ethanphosphonsäure) läßt sich die Polyisoprenoidausbeute beträchtlich erhöhen, vermutlich durch die Freisetzung und regulatorische Einwirkung von Ethylen (im Fall der 2-Chlor-ethanphosphonsäure) bzw. durch eine Aktivierung der endogenen Ethylenbiosynthese (durch die genannten Chlorphenoxy-Derivate) [11, 14].

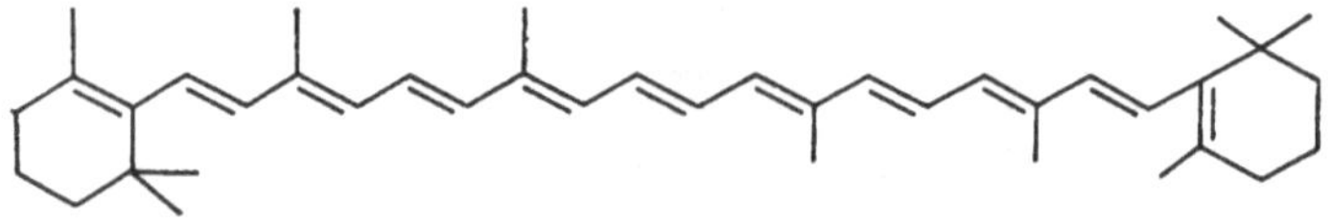

β-Carotin (Blattpigment)

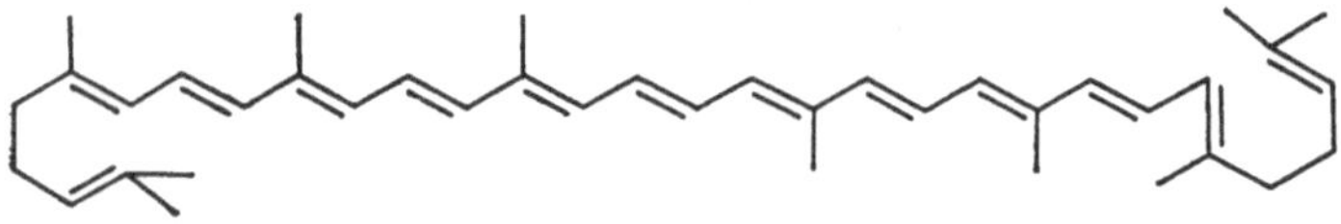

Lycopin (Fruchtpigment)

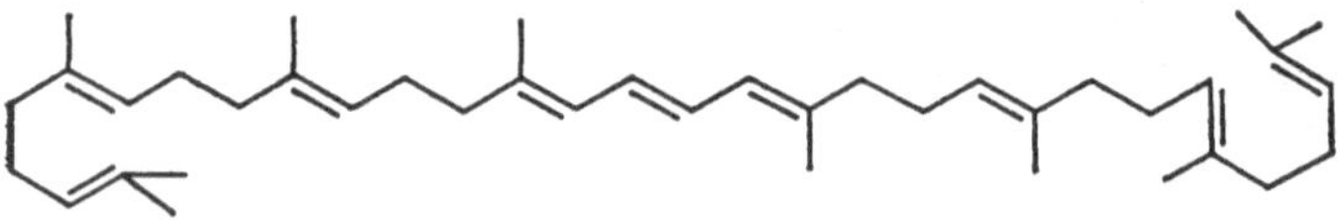

Phytoen (Blätter, Früchte, Samen)

Abb. 7 Tetraterpene

Literatur

[1] Cannon, H. I., A. C. Chipnall, Biochem. J. **23**, (1929) 168.

[2] Chibnall, A. C., Annu. Rev. Biochem. **35**, (1966) 1.

[3] Tulloch, A. P., Chemistry of waxes of higher plants. In: Chemistry and biochemistry of natural waxes (P. E. Kolattukudy, ed.). Elsevier, Amsterdam–Oxford–New York, 1976, p. 235.

[4] Karrer, W., Konstitution und Vorkommen der organischen Pflanzenstoffe (exklusive Alkaloide). 2. Aufl., Birkhäuser Verlag, Basel–Stuttgart, 1976.

[5] Karrer, W., E. Cherbuliez, C. H. Eugster, Konstitution und Vorkommen der organischen Pflanzenstoffe (exklusive Alkaloide), Ergänzungsband 1. Birkhäuser Verlag, Basel–Stuttgart, 1977.

[6] Ardenne, M. von, G. Osske, K. Schreiber, K. Steinfelder, R. Tümmler, Über die Sterine von *Solanum tuberosum* L. (Sterine und Triterpenoide. VIII. Mitteil.). Die Kulturpflanze **13**, (1965) 101.

[7] Ardenne, M. von, K. Steinfelder, R. Tümmler, Elektronen-Anlagerungs-Massenspektrographie organischer Substanzen. Springer-Verlag, Berlin–Heidelberg–New York, 1971.

[8] Jurtshuk, P., G. E. Cardini, Crit. Rev. Microbiol. **1**, (1971) 239; vgl. [9].

[9] Weete, J. D., Algal and fungal waxes. In: Chemistry and biochemistry of natura waxes (P. E. Kolattukudy, ed.). Elsevier, Amsterdam–Oxford–New York, 1976, p. 349.

[10] Robinson, T., The organic constituents of higher plants. Their chemistry and interrelationships. Burgess Publ. Comp., Minneapolis, 1963.
[11] Yokoyama, H., E. P. Hayman, W. J. Hsu, S. M. Poling, Chemical bioinduction of rubber in guayule plant. Science (Washington) **197**, (1977) 1076.
[12] Nielsen, P. E., H. Nishimura, J. W. Otvos, M. Calvin, Plant crops as a source of fuel and hydrocarbon-like materials. Science (Washington) **198**, (1977) 942.
[13] Calvin, M., Green factories. Chem. and Engin. News vom 20. 3. 1978, S. 30.
[14] Nickell, L. G., Plant growth regulators. Controlling biological behavior with chemicals. Chem. and Engin. News vom 9. 10. 1978, S. 18.

H. R. Schütte

Die Bildung und Umwandlung von Kohlenwasserstoffen in Pflanzen

1. *Einleitung*

Pflanzen enthalten eine große Zahl von endogenen Kohlenwasserstoffen [1, 2], die naturgemäß in diesen synthetisiert werden. Vom Standpunkt des organischen Chemikers ist der Begriff Kohlenwasserstoffe eindeutig und klar, es handelt sich um Verbindungen, die ausschließlich aus Kohlenstoff und Wasserstoff zusammengesetzt sind. Vom Standpunkt der Biosynthese erscheint eine Abgrenzung der Kohlenwasserstoffe sehr künstlich. In den folgenden Beispielen wird zum Ausdruck kommen, daß natürliche Kohlenwasserstoffe sehr häufig mit entsprechenden Sauerstoffverbindungen gemeinsam vorkommen, und daß sie nicht nur Endprodukte einer Biosynthesekette sondern auch Zwischenprodukte darstellen. Wenn wir die ätherischen Öle als Sammelgruppe vieler isoprenoider Kohlenwasserstoffe und deren Abkömmlinge betrachten, so kommen dort auch große Mengen von Phenylpropanverbindungen vor, z. B. Eugenol. Diese in Pflanzen weit verbreitete Verbindung stellt von der Klassifizierung her ein Phenol dar. Es bildet sich aus Phenylalanin über entsprechende Hydroxyzimtsäuren (Abb. 1) [3]; aber die Reduktion der Carboxylgruppe zum Allyl-CH_2 muß als echte Kohlenwasserstoffsynthese angesehen werden, wenn es sich auch nur um einen bestimmten Bereich in diesem Molekül handelt. Neben den endogenen Kohlenwasserstoffen findet man in den Pflanzen auf Grund der Umweltbelastung in zunehmendem Maße auch exogene Kohlenwasserstoffe, z. B. Benzpyren, deren Umwandlungsverhalten am Ende dieses Artikels erwähnt werden soll.

Abb. 1 Bildung von Eugenol

Im Labor lassen sich Kohlenwasserstoffe vor allem durch Reduktion von Alkoholen bzw. deren Derivaten sowie durch Decarboxylierung von Carbonsäuren herstellen. Diese Grundprinzipien finden ihre Analogien in der Pflanze. Als aktivierte Alkohole verwendet die Natur vor allem die entsprechenden Pyrophosphate. In der WURTZ-Synthese werden die Kohlenwasserstoffreste zweier als aktivierter Alkohole aufzufassender Alkylhalogenide reduktiv vereinigt. Eine ähnliche Reaktion ist in der Pflanze realisiert, z. B. bei der Dimerisierung zweier Farnesylreste zu Squalen.

2. Bereitstellung von Acetat

Kohlenwasserstoffe sind in Form von Erdöl oder Erdgas sehr bedeutende Energieträger, da sie auf Grund ihrer Molzusammensetzung aus Kohlenstoff und Wasserstoff sehr energiereich sind. Diese Energie muß während der Synthese in diese Verbindungen eingebracht werden. Letztlich stammt die Energie der natürlichen Kohlenwasserstoffe wie die aller Naturstoffe aus der Sonne, so daß die Biosynthese der Kohlenwasserstoffe praktisch mit der Photosynthese beginnt, bei der bekanntlich mit Hilfe von Chlorophyll über eine komplizierte Elektronentransportkette energiereiches Adenosintriphosphat, ATP, und Reduktionsäquivalente, reduzierte Pyridinnucleotide, gebildet werden. Diese eigentlichen Endprodukte der photosynthetischen Lichtreaktion werden benötigt, um die bei der CO_2-Fixierung durch Ribulosediphosphat gebildete Phosphoglycerinsäure zu Phosphoglycerinaldehyd zu reduzieren, wenn man so will die erste Reduktion auf dem Weg zu den Kohlenwasserstoffen (Abb. 2). Damit ist Kohlendioxid energetisch auf die Stufe der Zucker gebracht worden, die sich in einer Reihe von Umwandlungsreaktionen aus dem Phosphoglycerinaldehyd bilden.

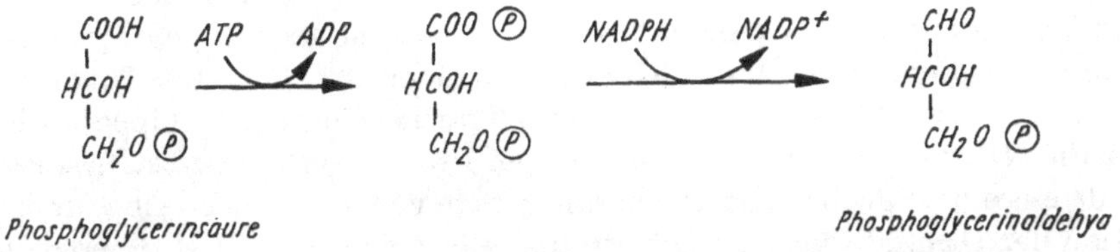

Abb. 2 Reduktion der Phosphoglycerinsäure zu Phosphoglycerinaldehyd während der Photosynthese

Unmittelbare Schlüsselverbindungen für die Biosynthese der vielfältigsten Kohlenwasserstoffe ist das Acetat, das im wesentlichen durch Glucoseabbau über die Glykolyse gebildet wird, wobei Glucose sich nach Umwandlung zu Fructose-1,6-diphosphat in zwei C_3-Zucker spaltet; aus dem auftretenden Phosphoglycerinaldehyd bildet sich nach Dehydrierung zu Phosphoglycerinsäure die Brenztraubensäure, das Pyruvat. Das freigesetzte Pyruvat kann unter anaeroben Bedingungen in Milchsäure umgewandelt, z. B. während der Muskelkontraktion in Tieren oder bei Milchsäurebakterien, oder bei der alkoholischen Gärung mit Hilfe der nur im Pflanzenbereich vorkommenden Pyruvat-Carboxylase zu Acetaldehyd decarboxyliert werden, der nach Reduktion Äthanol ergibt.

Zur vollständigen Gewinnung der Energie des Zuckers wird Pyruvat zu Kohlendioxid und Wasser abgebaut. Das geschieht über den in den Mitochondrien lokalisierten Citronensäurecyclus, auch Tricarbonsäurecyclus oder KREBS-Cyclus genannt. Im Gegensatz zur Acetaldehydbildung während der alkoholischen Gärung wird Pyruvat hierfür oxydativ decarboxyliert, wobei Acetyl-CoA, d.h. eine Essigsäureeinheit in energiereicher Bindung entsteht (Abb. 3).

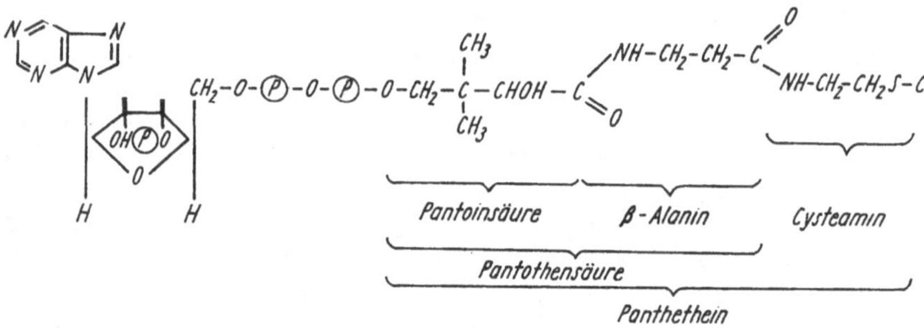

Abb. 3 Acetyl-Coenzym A, aktivierte Essigsäure

Die Pyruvat-Dehydrogenase ist ein Multienzymkomplex, der aus 3 Teilenzymen besteht (Abb. 4). Teilenzym 1 ist Pyruvat-Decarboxylase, die Pyruvat unter Decarboxylierung als Acetaldehyd kovalent an den Cofaktor Thiaminpyrophosphat bindet. Teilenzym 2, die Acetyl-Transferase, enthält Liponsäure, die über die NH_2-Gruppe eines Lysins mit dem Protein verbunden ist. Analog dem Ende eines beweglichen Armes übernimmt sie von dem Teilenzym 1 unter Reduktion der Disulfidbrücke zu Dihydroliponsäure den Acetylrest, überträgt ihn auf Coenzym A und wird von Teilenzym 3, der Dihydroliponsäure-Dehydrogenase, zur Liponsäure zurückoxydiert.

Acetylcoenzym A kann mannigfache Reaktionen eingehen und stellt die Ausgangssubstanz für die meisten natürlichen Kohlenwasserstoffe dar [4, 5]. Abbildung 5 zeigt, welche Substanzen aus dem Acetat entstehen können. Dazu gehören als wichtigstes die ubiquitär auftretenden Fettsäuren. Obwohl diese keine Kohlenwasserstoffe im strengen Sinne sind, ist an ihnen die Umwandlung von Sauerstoffunktionen in Kohlenwasserstoffbereiche besonders in-

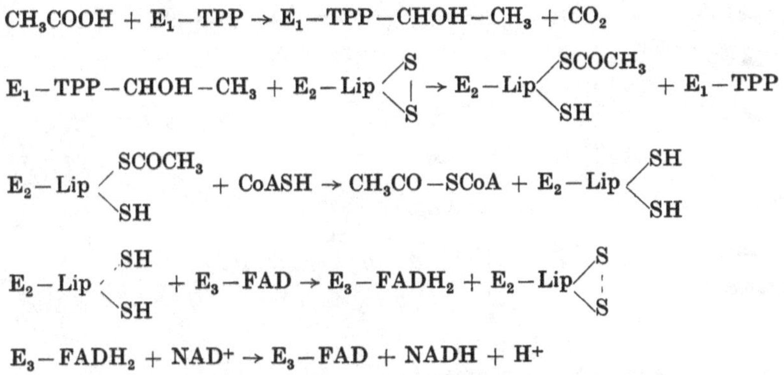

Abb. 4 Pyruvat-Dehydrogenase; E = Enzym; TPP = Thiaminpyrophosphat; Lip = Lipponsäure; CoASH = Coenzym A

tensiv untersucht worden. Außerdem sind sie Vorstufen der Alkane. Weitere Acetatabkömmlinge sind die Acetylenverbindungen, zu denen reine Kohlenwasserstoffe gehören und die Polyketide, die meist zusätzlich Sauerstoffunktionen haben. Von besonderer Bedeutung als Acetatabkömmling muß die Mevalonsäure hervorgehoben werden, die ihrerseits Ausgangsverbindungen der Fülle von Isoprenoidverbindungen ist.

Zur Energiegewinnung mündet das Acetat in den Citronensäurecyclus, der im Zusammenhang mit der Kohlenwasserstoffbildung aber nicht weiter interessiert. Lediglich die erste Reaktion, die Citronensäurebildung aus Acetyl-CoA und Oxalacetat ist für das zu besprechende Problem von Bedeutung. Die Glykolyse läuft nämlich im Cytoplasma ab, während der Citronensäurecyclus und damit auch die Acetyl-CoA-Bildung in den Mitochondrien vor sich geht, und die Fettsäurebildung und auch teilweise die Isoprenoidbildung nicht nur in den Mitochondrien, sondern auch im Cytoplasma oder in den Chloroplasten stattfindet. Aber nicht alle Zwischenverbindungen, die im Cytoplasma benötigt werden, können die Mitochondrienmembran passieren, z. B. Acetyl-CoA, Oxalacetat und NADH. Zur cytoplasmatischen Bereitstellung von Acetyl-CoA und Oxalacetat muß daher ein Umweg eingeschlagen werden. Aus Acetyl-CoA und Oxalacetat bildet sich während des Citronensäurecyclus Citrat, das seinerseits die Mitochondrienmembran passieren kann und im Cytoplasma in einer ATP-abhängigen Reaktion zu Acetyl-CoA und Oxalacetat umsetzbar ist. Eine eventuelle Rückfahrt von Oxalacetat in die Mitochondrien geschieht über Malat. Acetyl-CoA steht auf diese Weise für Synthesezwecke außerhalb der Mitochondrien zur Verfügung. Acetat kann aber auch in freierForm transportiert werden, es muß dann allerdings in den Organellen mit Hilfe von ATP in den energiereichen CoA-Ester umgewandelt werden. In Abbildung 6 sind diese Zusammenhänge schematisch dargestellt.

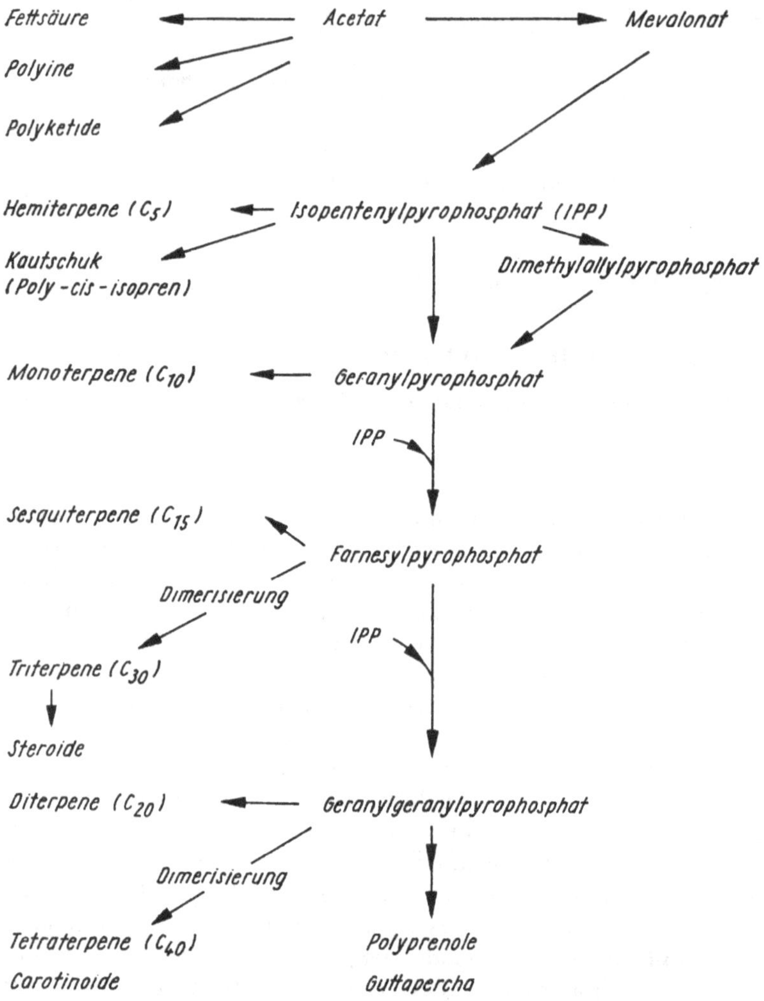

Abb. 5 Bildungswege verschiedener sich von Acetat ableitender Naturstoffgruppen

3. *Biosynthese von Fettsäuren*

Alkane und Polyacetylene leiten sich von den Fettsäuren ab. Deshalb soll deren Biosynthese hier kurz zusammengefaßt werden [6, 7, 8]. Die Bildung ihrer Kette muß als bedeutendste biologische Kohlenwasserstoffsynthese aufgefaßt werden. Die Synthese der Fettsäuren verläuft vom Acetyl-CoA ausgehend in einem Cyclus; bei jedem Durchlauf wird die entsprechende Kette um 2 C-Einheiten, d.h. einen Acetylrest verlängert (Abb. 7). Bei der direkten Konden-

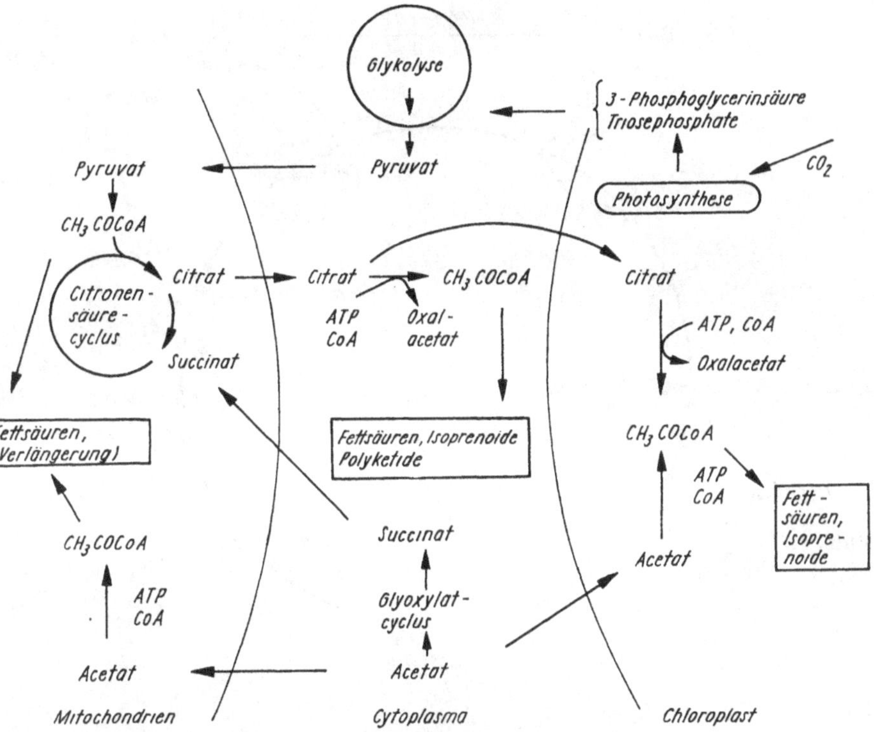

Abb. 6 Möglichkeiten der Acetyl-CoA-Bildung in verschiedenen Zellorganellen

sation zweier Acetyl-CoA-Einheiten liegen die Gleichgewichtsverhältnisse ziemlich ungünstig. Daher tritt anstelle eines Acetatrestes ein Malonylrest als Partner, dessen CH_2-Gruppe in einer 1,3-Dicarbonylverbindung aktiviert ist. So ist der erste Schritt der Fettsäuresynthese die vorübergehende Carboxylierung eines aktivierten Acetats unter Mitwirkung von ATP und einem Biotin-abhängigen Enzym. Malonyl-CoA ist vorzüglich geeignet, bei gleichzeitiger Abspaltung der Kohlensäure zu kondensieren, wodurch eine Kondensation unmittelbar aus Acetat vorgetäuscht wird. In Wirklichkeit kann nur das erste Acetat-Molekül (Starter) ohne Carboxylierung in die Kettenbildung eingehen.

Die für die Umwandlung des Acetyl-CoA in Fettsäure nötigen Enzyme sind in einem Multienzym-Komplex vereinigt. Diese Fettsäure-Synthetase ist relativ stabil und dürfte bei Eukaryonten ubiquitär vorkommen. Es können bei der Synthese der Fettsäuren weder Zwischenprodukte isoliert noch Intermediärstoffe eingeschleust werden. Während aller Teilreaktionen bleiben die Zwischenprodukte kovalent an den Komplex gebunden, wobei mindestens zwei verschiedene SH-Gruppen beteiligt sind. Zu Beginn des Cyclus wird eine peri-

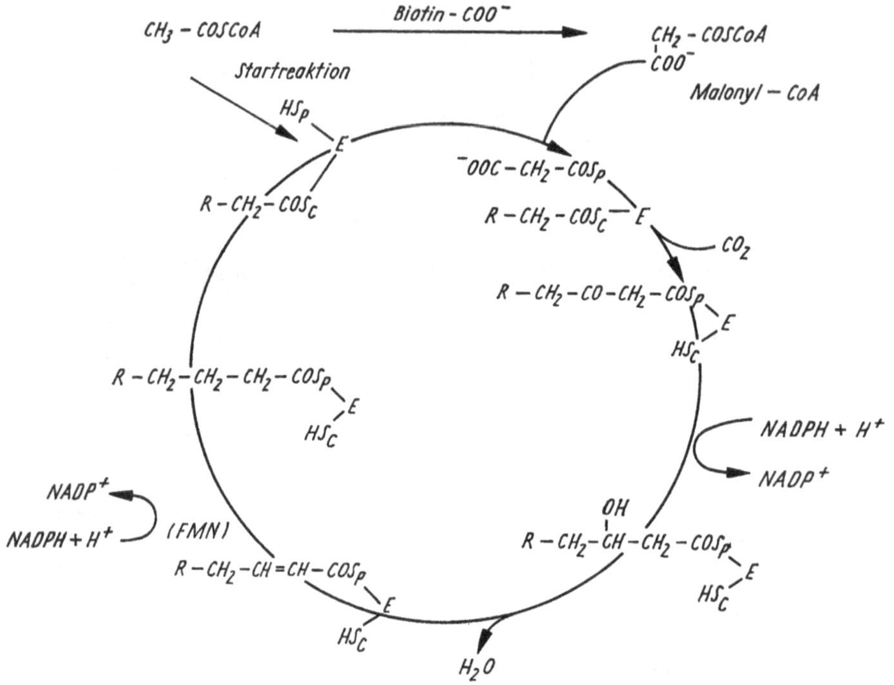

Abb. 7 Der Fettsäure-Cyclus

phere Cystein-SH-Gruppe (S_CH) mit einer Acetylgruppe beladen. An die SH-Gruppe eines Pantetheinylrestes (S_PH) (vgl. Abb. 3) wird Malonat gebunden; in dieser Bindung laufen die einzelnen Reaktionen ab. Der Pantetheinylrest wirkt wie ein Arm, der die entsprechenden Reaktionsprodukte von Teilenzym zu Teilenzym weiterreicht. Im Kondensationsschritt wird Malonat von der Acylgruppe, am Anfang von der Acetylgruppe des peripheren Bereiches acyliert. Es folgen dann die Reduktion zur β-Hydroxysäure mit Hilfe von NADPH, die Dehydratisierung zur ungesättigten Säure und endlich die Reduktion zur entsprechenden Fettsäure, wobei in einigen Systemen Flavinmononucleotid beteiligt ist. Die Reaktionen verlaufen streng stereospezifisch über die D-3-Hydroxyacyl- und die trans-Enoyl-Verbindungen. Im Gegensatz dazu bilden sich beim Fettsäureabbau die L-3-Hydroxyacylverbindungen. Die so gebildete und um 2 C-Atome längere Fettsäure wird vom Pantetheinylrest auf die periphere S_CH-Gruppe übertragen; der Pantetheinylrest wird wieder mit Malonat beladen und der Cyclus kann von neuem durchlaufen werden.

Im Gegensatz zu dem stabilen Multienzymkomplex der Fettsäure-Synthetase aus dem Cytoplasma kann ein analoges Fettsäure-Synthetase-System aus Chloroplasten in die Teilenzyme und das als Transportarm wirkende sog. Acyl-

Carrier-Protein (ACP) zerlegt werden. Dessen Pantetheinylrest ist über Phosphat an ein Serin des Proteingerüstes gebunden und besitzt damit große Ähnlichkeit mit dem reaktiven Zentrum des Coenzyms A. Die in den Fetten vorkommenden Fettsäuren haben meist Kettenlängen von 16 bzw. 18 C-Atomen, die nach 7- bis 8maligem Durchlaufen des Fettsäurecyclus als CoA-Ester von dem Synthetase-Komplex freigesetzt werden. Die Wachse enthalten aber wesentlich längere Fettsäuren (größer als C_{20}) und auch die uns interessierenden Alkane besitzen eine höhere Anzahl von C-Atomen. Diese höhermolekularen Verbindungen leiten sich von der C_{16}-Fettsäure durch Kettenverlängerung ab (Abb. 8). Eine solche Kettenverlängerung ist in Mitochondrien sowie im Cytoplasma und in Chloroplasten nachgewiesen.

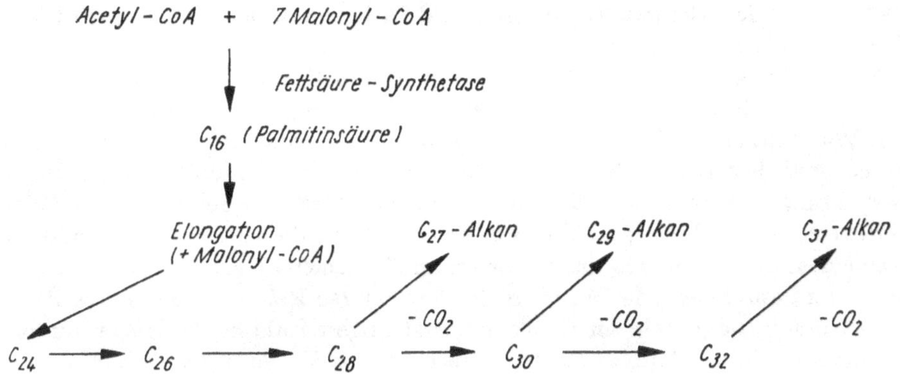

Abb. 8 Elongation-Decarboxylierung zur Biosynthese von Alkanen

Aus einer Reihe von Untersuchungen mit verschiedenen pflanzlichen Systemen geht hervor, daß solche Verlängerungen vor allem der C_{16}-Kette durch Membran-gebundene Enzyme mit Malonyl-CoA als Agens und NADPH als Reduktionsmittel vor sich geht [9, 10]. Wahrscheinlich existieren mindestens drei verschiedene Verlängerungssysteme, die unterschiedliches Hemmungsverhalten zeigen, und die einmal für die Fettsäuren bis C_{22} (aus den Acylteilen der Wachse z. B. in Erbsenblättern), und weiterhin für die in Alkoholen und Aldehyden zugrunde liegenden C_{26}- bzw. C_{28}-Ketten sowie für die C_{32}-Säure als Vorstufe z. B. des C_{31}-Alkans verantwortlich sind [11].

4. Bildung von Alkanen

Die wichtigsten in Pflanzen vorkommenden Kohlenwasserstoffe (C_{29} und C_{31}) sind nahezu zweimal so lang wie die hauptsächlichsten Fettsäuren. Daher nahm man für die Biosynthese dieser n-Alkane eine Kopf-an-Kopf-Kondensation an. Danach sollte beispielsweise durch Kopf-an-Kopf-Kondensation zweier Moleküle C_{15}-Säure (entstanden durch Oxidation aus Palmitinsäure) unter Decarboxylierung einer dieser Säuren n-Nonacosan-15-on entstehen, das nach Reduktion zu sekundärem Alkohol, Dehydratisierung und Reduktion des entstandenen Olefins n-Nonacosan ergibt, das wichtigste Alkan in Pflanzen. Diese Hypothese ließ sich aber nicht bestätigen [12–16].

Vielmehr hat sich gezeigt, daß die Alkane, die meist ungeradzahlig sind, durch Decarboxylierung entsprechender langkettiger Fettsäuren entstehen, die vorher durch Kettenverlängerung aus den C_{16} oder C_{18} Fettsäuren gebildet wurden (Abb. 8). Diese Hypothese konnte in vielfältiger Weise durch Markierungsexperimente sowie genetische Versuche bewiesen werden [17–22]. Auch der Decarboxylierungsschritt ließ sich in einer Reihe von pflanzlichen Geweben und zellfreien Extrakten realisieren [23–25]. Dabei hat sich Trichloressigsäure als Inhibitor des Elongationsprozesses und Dithioerythritol als Hemmstoff des Decarboxylierungsschrittes erwiesen.

Neben den geradkettigen Kohlenwasserstoffen kommen in den Lipidfraktionen einiger Pflanzen auch methylverzweigte in der Iso- bzw. Anteisoposition vor. Während sie in den meisten Pflanzen nur in geringen Prozentsätzen auftreten, sind sie z. B. in Tabak mit bis zu 50% vertreten. Für die Synthese dieser Verbindungen werden anstelle von Acetat als Starter in der normalen Fettsäuresynthese methylverzweigte Starter postuliert, die sich von den entsprechenden Aminosäuren wie Valin, Leucin und Isoleucin ableiten (Abb. 9). Elongation und anschließende Decarboxylierung der Iso-Reihe ergeben lange Fettsäuren mit gerader Zahl an C-Atomen und ungeradzahlige Alkane, während die Situation in der Anteiso-Reihe entgegengesetzt ist. So ließen sich in Tabak und Aeonium possum Valin und Isobuttersäure sowie Isoleucin in die entsprechenden methylverzweigten Alkane inkorporieren [26, 27]. Es sind aber auch verzweigte Alkane bekannt, die ihre Methylgruppen im Zentrum des Moleküls enthalten, z. B. in Walnüssen, aus denen eine Mischung von 9-, 11- und 13-Monomethylheptacosan und 11-, 13- und 15-Monomethylnonacosan isoliert werden konnten. Die Biosynthese verläuft wahrscheinlich über eine α, β-ungesättigte Säure, die mit S-Adenosylmethionin, dem biologischen Methylgruppendonator, methyliert wird. Anschließende Elongation und Decarboxylierung führt zu den entsprechenden Alkanen. Experimentelle Beweise für diesen Mechanismus liegen bisher lediglich für die Bildung von 7- und 8-Methylheptadekanen in den Algen Nostoc muscorum und Anacystis variabilis vor [28–31]. Diese C-Methylierung mit Hilfe von S-Adenosylmethionin ist besonders intensiv bei verschiedenen Phytosterinen untersucht worden, die in vielen Fällen an C-24 eine zusätzliche Methyl- bzw. Ethylgruppierung besitzen [32, 33]. Als Zwischenstufen werden 24-Methylenverbindungen postuliert (Abb. 10). Diese sind im Pflanzenreich sehr weit verbreitet und entstehen über ein Kation I, das durch Protonenwanderung von C-24 nach C-25 und Eliminierung eines Protons von C-28 stabilisiert wird. Die entsprechenden Ethylverbindun-

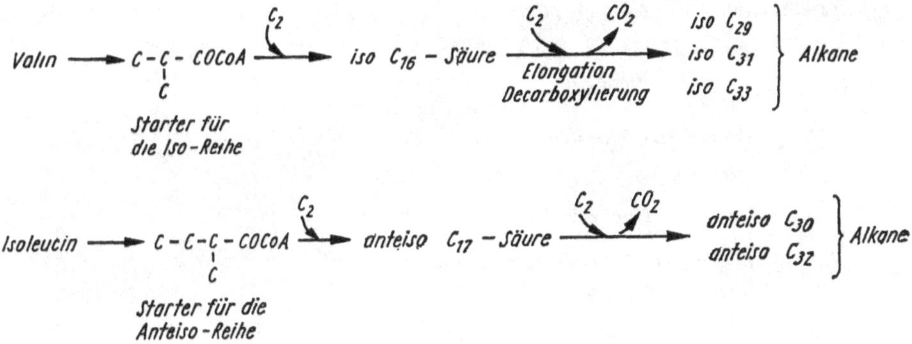

Abb. 9 Bildung von methylverzweigten Fettsäuren und Alkanen

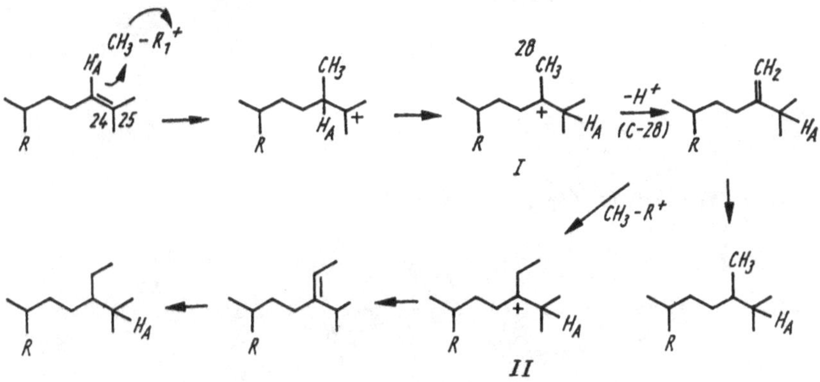

Abb. 10 Mechanismus der Seitenkettenalkylierung bei Phytosterinen; R = Cyclopentanoperhydrophenanthrenrest

gen entstehen aus den 24-Methylenderivaten durch weitere Transmethylierung unter Bildung des Kations II.

5. *Polyacetylene*

Eine Reihe von natürlichen Kohlenwasserstoffen gehören chemisch zur Gruppe der Polyacetylene oder Polyine. In höheren Pflanzen sind sie besonders in den Compositen und Umbelliferen verbreitet. Ihre Bildung erfolgt durch weitergehende Transformation von Fettsäuren [34, 35]. Die Ausbildung der Acetylengruppierungen vollzieht sich im allgemeinen auf der Stufe der C_{18}-Säuren vom Ölsäuretyp. Die entstandenen C_{18}-Polyinsäuren können durch Seitenkettenverkürzung, d.h. β- bzw. α-Oxidation z.B. zu C_{14}- oder C_{13}-Verbindungen, und andere sekundäre Umwandlungen verschiedene Strukturen bilden, die oft keine Acetylengruppierung mehr enthalten.

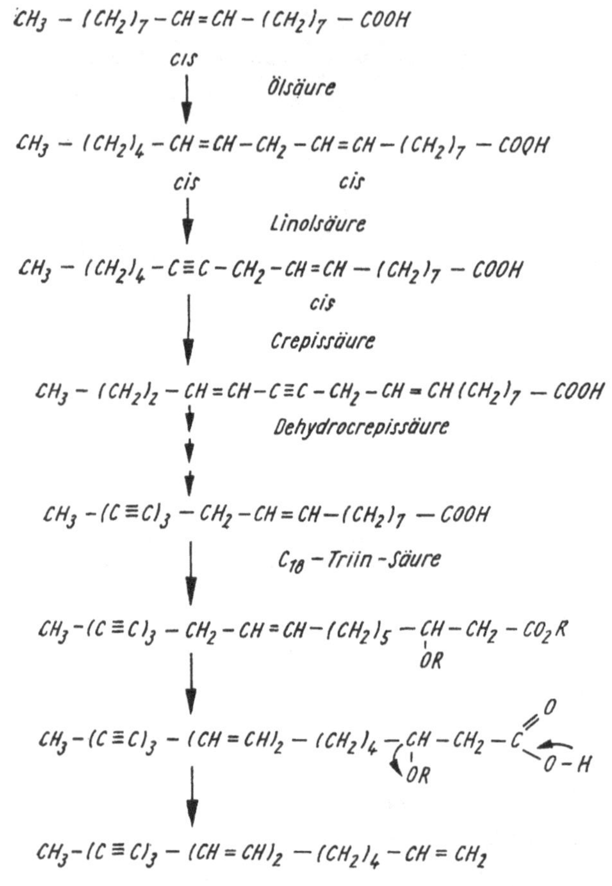

Centaur X_3 (Artemisia vulgaris)

Abb. 11 Biosynthese von Polyinkohlenwasserstoffen. Vinylgruppen charakteristisch für Compositen; in Umbelliferen sind sie hydriert

So entsteht beispielsweise aus Ölsäure über Linolsäure eine C_{18}-Triinsäure, die Ausgangspunkt für eine Reihe von Folgeprodukten darstellt. In Abbildung 11 ist die Reaktionsfolge zu dem in Artemisia vulgaris vorkommenden Centaur X_3 zusammengestellt. Durch weitergehende Umwandlungen, vor allem Hydroxylierung, Allylumlagerung, Oxidation und Addition können sich eine ganze Reihe weiterer Verbindungen bilden, von denen in Abbildung 12 vor allem einige Phenylacetylene zusammengestellt sind, die vor allem in Compositen auftreten. Bei diesem Bildungsweg wird die C_{18}-Triinsäure verkürzt und bildet beispielsweise über verschiedene Zwischenstufen das Phenylheptatriin.

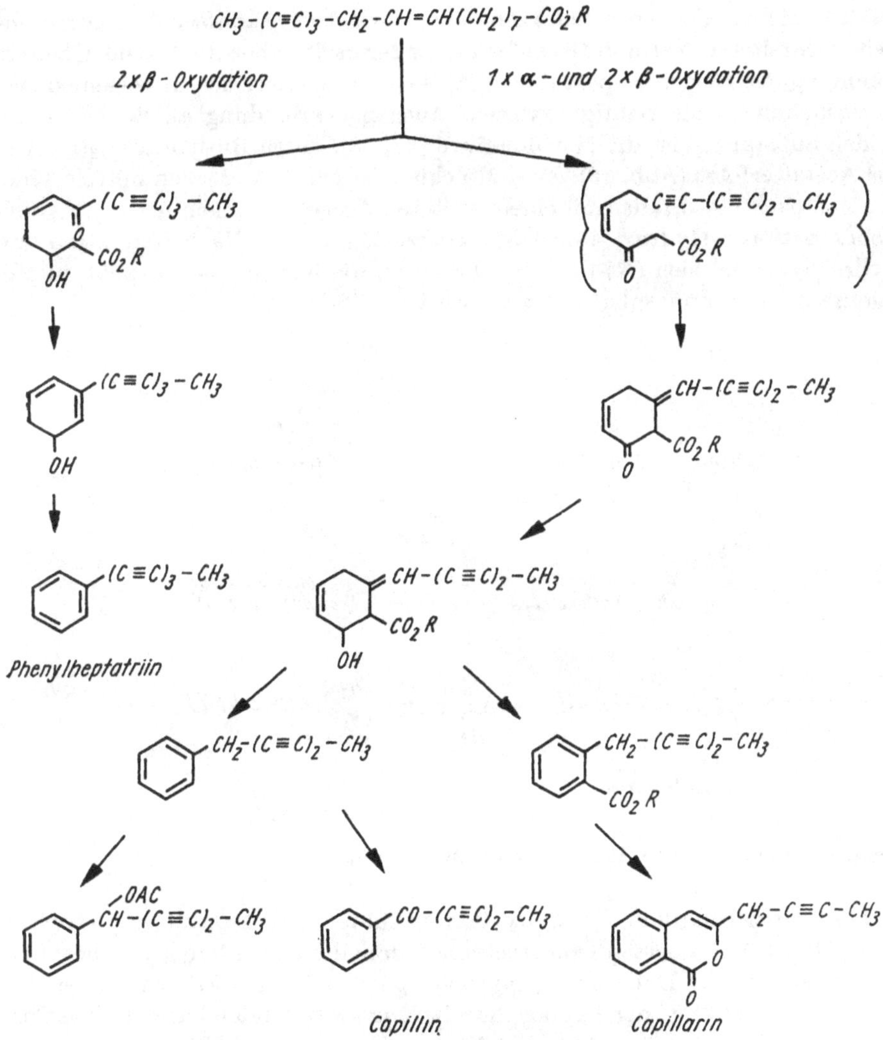

Abb. 12 Biosynthese von Phenylpolyinen

Hier ist ein Mechanismus der Biosynthese von aromatischen Verbindungen aufgezeigt, die daneben durch Ringschluß von Polyketiden (beispielsweise bei den Flavonoiden) oder nach dem Shikimisäureweg entstehen.

6. Isoprenoide Kohlenwasserstoffe

Einer großen Gruppe von Kohlenwasserstoffen liegt eine isoprenoide Struktur zugrunde. Diese Tatsache hat RUZICKA zur Aufstellung der sog. Isoprenregel geführt, die auf der einen Seite eine strukturelle Verwandtschaft einer Reihe weit verbreiteter Naturstoffe aufzeigt, andererseits aber auch eine Übereinstimmung der Biogenese postuliert [36]. Diese Regel hat sich in verschiedenen Untersuchungen als richtig erwiesen. Ausgangsverbindung all dieser isoprenoiden Substanzen ist die Mevalonsäure [37, 38], deren Biosynthese vor allem aus Acetat erfolgt (Abb. 13). Zwei Moleküle Acetyl-CoA ergeben mittels Thiolase Acetoacetyl-CoA, das mit einem weiteren Acetyl-CoA nach Art einer Aldol-Kondensation β-Hydroxy-β-methylglutaryl-CoA ergibt. Nach Reduktion und Hydrolyse bildet sich (R)-(+)-Mevalonsäure, die über ihr 5-Phosphat zu Mevalonsäure-5-pyrophosphat aktiviert wird.

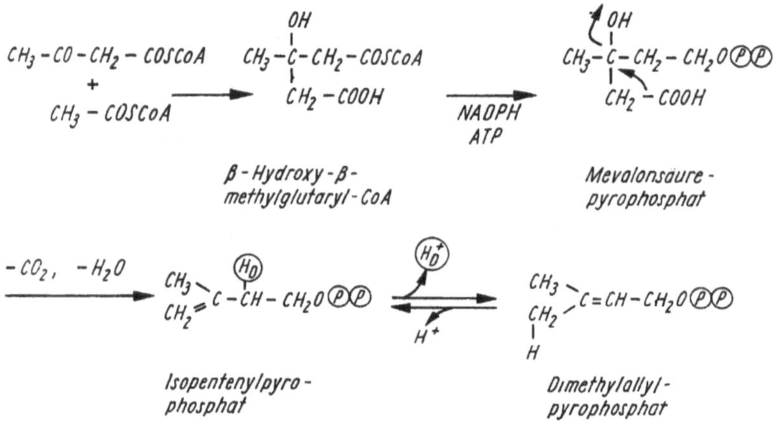

Abb. 13 Biosynthese und Aktivierung der Mevalonsäure

Dehydratisierung und Decarboxylierung führen zum Isopentenylpyrophosphat (Abb. 13). Bei dessen Isomerisierung durch die Isopentenylpyrophosphat-Isomerase entsteht Dimethylallylpyrophosphat; seine Reaktionsfähigkeit beruht auf dem im Zuge der Dephosphorylierung auftretenden kationischen Charakter. Bei Reaktion des Dimethylallylpyrophosphates als Starter mit einem weiteren Molekül Isopentenylpyrophosphat bildet sich Geranylpyrophosphat, das als Dialkylallylverbindung zur Reaktion mit einem weiteren Isopentenylpyrophosphat unter Bildung von Farnesylpyrophosphat und in entsprechender Weise zu Geranylgeranylpyrophosphat fähig ist (Abb. 14). Während Geranylpyrophosphat die Muttersubstanz der Monoterpene, der C_{10}-Körper ist, leiten sich vom Farnesylpyrophosphat die Sesquiterpene (C_{15}) und von Geranylgeranylpyrophosphat die Diterpene (C_{20}) ab. Farnesylpyrophosphat ist darüber hinaus die Muttersubstanz verschiedener Triterpene (C_{30}), zu denen auch die Steroide gehören.

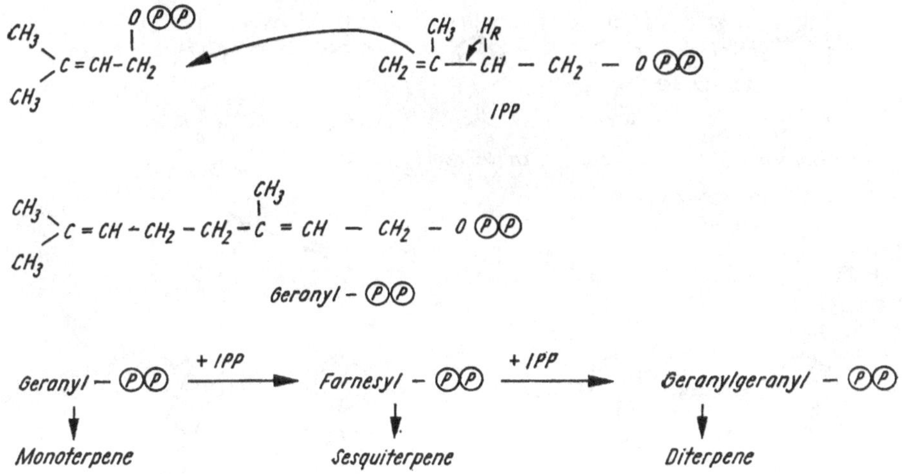

Abb. 14 Bildung von Geranyl-, Farnesyl- und Geranylgeranylpyrophosphat

6.1. Monoterpene

In Abbildung 15 sind die Reaktionsfolgen zur Bildung einiger wesentlicher Strukturen aus der Vielfalt der Monoterpene aufgezeigt, wobei wiederum neben den reinen Kohlenwasserstoffen eine ganze Reihe von Sauerstoffderivaten auftreten [39–41] (vgl. auch Abb. 16). Während die offenkettigen, acyclischen Verbindungen, wie z. B. Myrcen und cis-Ocimen, direkt aus dem Geranylpyrophosphat entstehen, werden das Geraniol-Isomere Nerol bzw. dessen Pyrophosphatester als Vorstufen der cyclischen Monoterpene diskutiert. Die intermediär entstehenden kationischen Isomeren III führen einerseits zum Typ des Limonens oder α-Terpinens, z. B. α-Terpineol oder 1,8-Cineol. Andererseits vermögen sie über einen ionischen Mechanismus durch Angriff des Carboniumzentrums auf die allylische CH_2-Gruppe bicyclische Strukturen vom Typ des α-Pinens bzw. in analoger Weise die des Thujons, Camphers und andere zu ergeben. Diese Verbindungen, die vor allem in ätherischen Ölen der entsprechenden Pflanzen vorkommen, können eine ganze Reihe von Umwandlungsreaktionen eingehen. In Abbildung 16 sind derartige Folgen für die Monoterpene im Pfefferminzöl zusammengestellt worden. Hier wurde α-Pinen als Ausgangsprodukt festgestellt, das über ein kationisches Zwischenprodukt die verschiedensten Substanzen bilden kann.

6.2. Sesquiterpene

Eine besonders große Variabilität weisen die Sesquiterpene auf, C_{15}-Verbindungen, die sich vom Farnesylpyrophosphat ableiten. Diese Verbindung kann

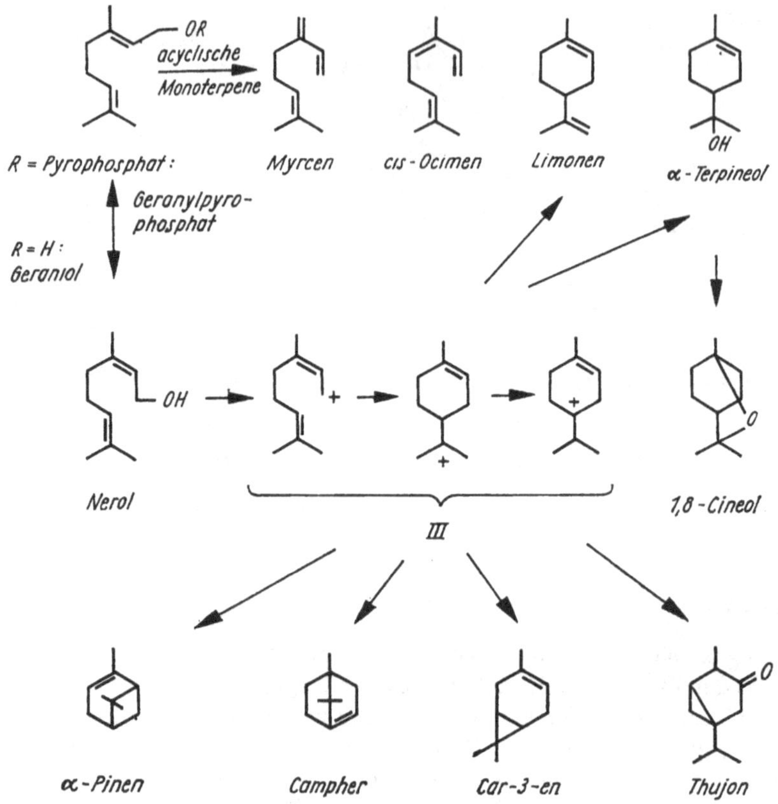

Abb. 15 Biosynthese verschiedener Monoterpene

in der trans-trans- oder cis-trans-Form reagieren. Entsprechend leiten sich 4 monocyclische Strukturtypen ab (Abb. 17). Aus dem Carboniumion VII entsteht durch Verlust eines Protons direkt das γ-Bisabolen, eines der am häufigsten anzutreffenden Sesquiterpene. Carboniumion VI führt zum Humulen-Typ, der durch weiteren Ringschluß entsprechend VIII z. B. Caryophyllen ergibt. Durch zweifachen Ringschluß entsprechend IX entstehen aus dem Bisabolen-Typ tricyclische Sesquiterpene vom Cedren-Typ. Das Cyclodecadiensystem V ist ebenfalls Grundgerüst einer Reihe von Sesquiterpenen. Die Isopropylgruppe, die in V die positive Ladung trägt, kann eine OH-Gruppe addieren, wie es in vielen Sesquiterpenalkoholen angetroffen wird, z. B. Guajol. Entsprechend den gestrichelten Linien in V können, ausgelöst durch elektrophilen Angriff, weitere Cyclisierungen durch trans-annulare Wechselwirkungen der Doppelbindungen eintreten. Dabei bilden sich einerseits Perhydroazulenab-

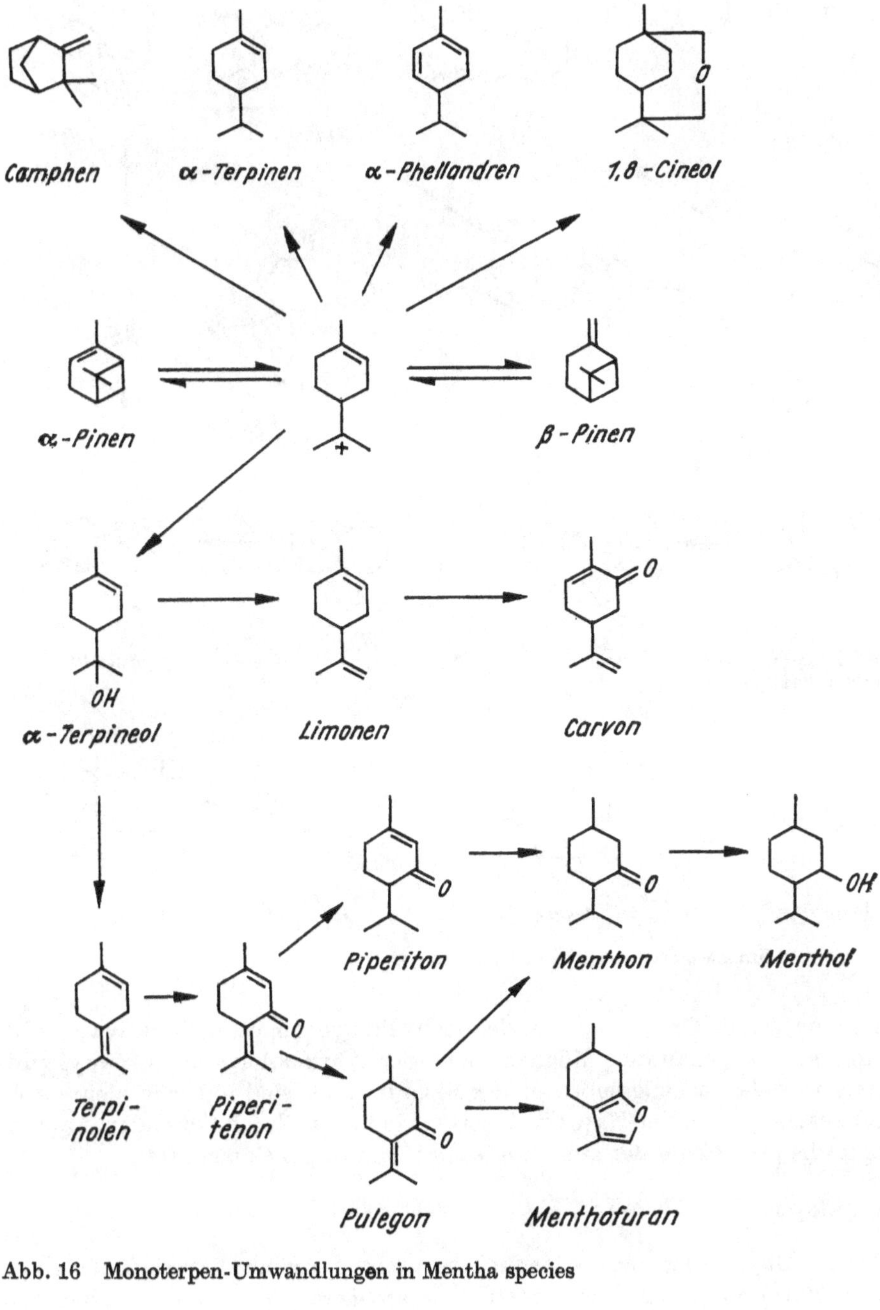

Abb. 16 Monoterpen-Umwandlungen in Mentha species

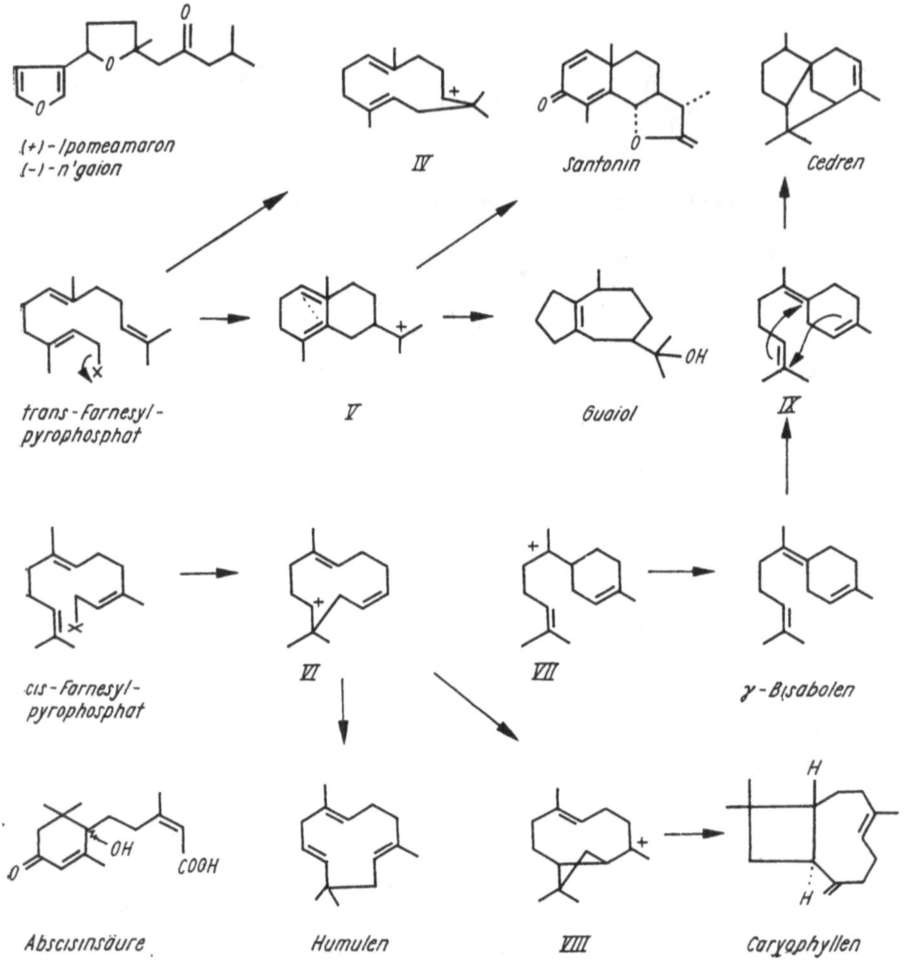

Abb. 17 Bildungswege verschiedener Sesquiterpene

kömmlinge, z.B. Guajol, oder andererseits Perhydronaphthalinderivate, z.B. Santonin. Die genannten Möglichkeiten der Abwandlung des Geranylpyrophosphates als Ausgangssubstanz der Sesquiterpene sind nur eine kleine Auswahl dessen, was in der Natur realisiert ist, und was durch Sekundärumwandlungen die große Zahl der aufgefundenen Sesquiterpene ausmacht.

6.3. Diterpene

Durch Alkylierung eines weiteren Isopentenylpyrophosphates mit dem allylischen Farnesylpyrophosphat entsteht Geranylgeranylpyrophosphat, die Muttersubstanz der Diterpene, zu denen wiederum eine Fülle unterschiedlichster Strukturtypen gehören. Aus der Vielzahl der genannten Verbindungen soll hier lediglich die Biosynthese der Gibberelline erwähnt werden, die über den Kohlenwasserstoff Kauren verläuft (Abb. 18) [41]. Dabei wird zuerst mit Hilfe der Kaurensynthetase ein bicyclisches System vom Typ des Copalylpyrophosphats gebildet. Weitere Cyclisierungen führen wahrscheinlich über ein tricyclisches Kation X zum tetracyclischen Kauren, das über Kaurenol und Kaurenal zur Kaurensäure oxydiert wird. Auf der Stufe der 7-β-Hydroxykaurensäure tritt eine Kontraktion des Ringes B ein unter Bildung des Gibberellingerüstes, wobei das C-7 des Kaurensystems die Carboxylgruppe der Gibberelline ergibt.

6.4. Squalen und Kautschuk

Zur großen Gruppe der Isoprenoide gehören auch die Steroide. Auf Grund des Cyclisierungsmechanismus bei der Bildung über ein Epoxysqualen stellen Steroide im wesentlichen Sauerstoffderivate dar, so daß die Verbindungen

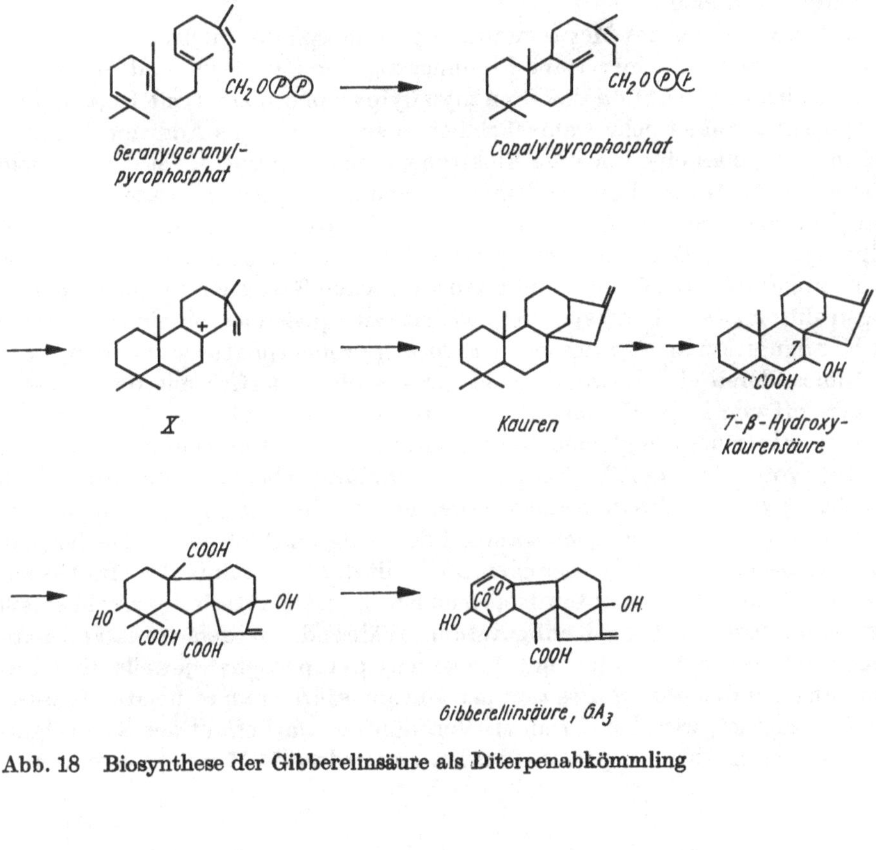

Abb. 18 Biosynthese der Gibberelinsäure als Diterpenabkömmling

nicht zu den reinen Kohlenwasserstoffen gehören [32, 33, 42, 43]. Die aliphatische Vorstufe der Steroide und anderer cyclischer Triterpene, das Squalen, ist allerdings ein reiner Kohlenwasserstoff. Die Squalensynthetase katalysiert die Kopf-an-Kopf-Dimerisierung zweier Moleküle Farnesylpyrophosphat über die Zwischenstufe Presqualen (ein Cyclopropylcarbinylpyrophosphat), das mit NADPH Squalen ergibt (Abb. 19). Solche Cyclopropylderivate werden auch für entsprechende Dimerisierungen zur Bildung der Carotinoide und verschiedener Monoterpene diskutiert.

Für alle diese anaeroben Reaktionen der Squalenbildung sind die Enzyme bekannt. Obwohl das Squalen und die meisten der Zwischenstufen eine formale Symmetrie besitzen, verläuft ihre Biogenese vollkommen asymmetrisch und stereospezifisch (Abb. 19) [44, 45]. Diese Untersuchungen sind im wesentlichen mit Hilfe von stereospezifisch tritierten Mevalonsäuren durchgeführt worden. So ist die Isomerisierungsreaktion von Isopentenylpyrophosphat zu Dimethylallylpyrophosphat und jede nachfolgende Kondensation mit C_5-Einheiten zum Farnesylpyrophosphat und wahrscheinlich auch bei anderen isoprenoiden trans-Verbindungen jeweils mit dem Verlust eines pro-2R-Protons (H_D) des Isopentenylpyrophosphatmoleküls (entspricht einem pro-4S-Proton der Mevalonsäure) verbunden.

Die Umwandlung des Mevalonsäure-5-pyrophosphates zu Isopentenylpyrophosphat entspricht einer trans-Eliminierung der Carboxyl- und Hydroxylgruppen; bei der Reaktion des Dimethylallylpyrophosphates mit Isopentenylpyrophosphat findet sehr wahrscheinlich zuerst eine trans-Addition der allylischen Gruppe an eine günstige Elektronendonatorgruppe X^- statt, die möglicherweise ein Bestandteil des kondensierenden Enzyms ist. Dann folgt eine trans-Eliminierung von X^- und dem pro-2R-Proton unter Bildung von Geranylpyrophosphat. Dabei tritt entsprechend einer S_N2-Reaktion eine Inversion der Konfiguration am C-1 des addierten allylischen Restes ein. Auch die Kopplungsreaktion zweier Farnesylpyrophosphate zu Squalen ist mit einer Inversion der Konfiguration am C-1 des einen Farnesylpyrophosphates verbunden, während im anderen ein Austausch eines pro-1S-Wasserstoffes mit dem pro-4S-Wasserstoff von NADPH abläuft. Der pro-1R-Wasserstoff des Farnesylrestes bleibt in seiner ursprünglichen Konfiguration. Die Protonenaufnahme bei der Bildung von Dimethylallylpyrophosphat verläuft ebenfalls stereospezifisch und die einzelnen Wasserstoffatome der entsprechenden Methylgruppen behalten ihre Individualität auch während der weiteren Reaktionen. Die höchste Stufe der natürlichen Isoprenkondensate stellt der Kautschuk dar. Im Gegensatz zu den meisten bekannten Isoprenoiden besitzt Kautschuk ausschließlich Doppelbindungen mit cis-Konfiguration. Während bei den trans-Verknüpfungen allylischer Vorstufen mit Isopentenylpyrophosphat jeweils eine Eliminierung des der pro-4R-Position der Mevalonsäure entsprechenden Wasserstoffs stattfindet, wird bei der all-cis-Verknüpfung im Verlauf der Kautschuksynthese jeweils der der pro-4S-Position zuzuordnende Wasserstoff entfernt.

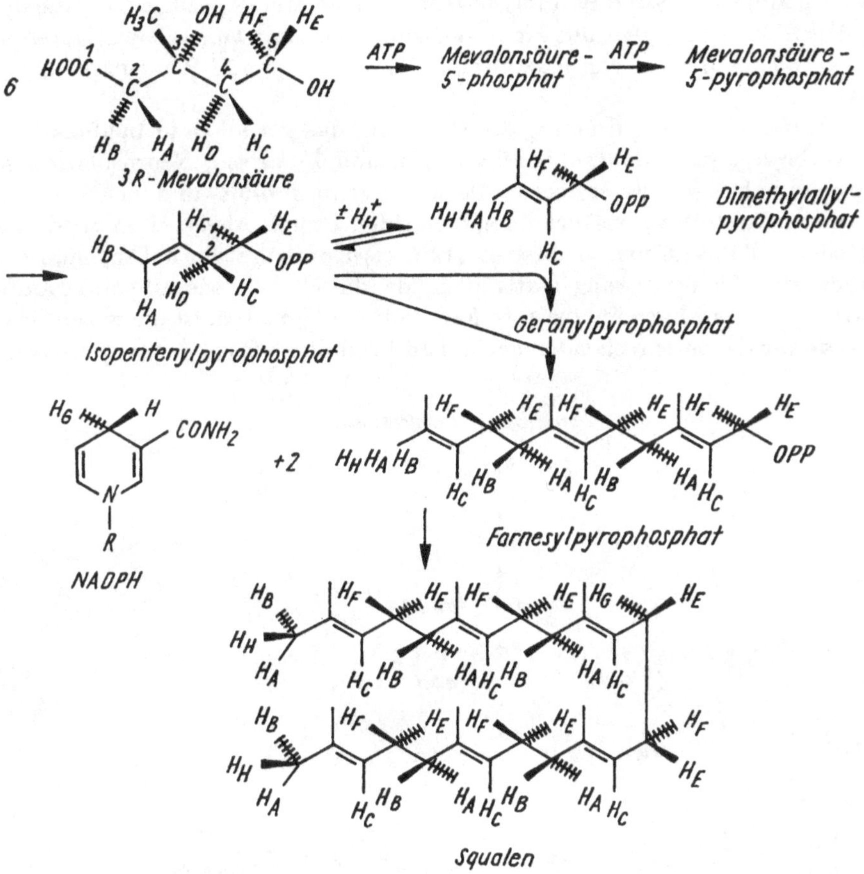

Abb. 19 Biosynthese von Squalen

6.5. Tetraterpene

Die wichtigsten Vertreter der Tetraterpene sind die Carotinoide, gelbe bis rote fettlösliche Polyenkohlenwasserstoffe, die vor allem im Pflanzenreich weit verbreitet sind. Einige Carotinoide spielen im photosynthetischen Apparat eine Rolle; sie werden daher vorwiegend in den Chloroplasten synthetisiert und kommen dort strukturgebunden vor.

Zur Biosynthese der Tetraterpene, die von den Diterpenen ausgeht, werden zwei Moleküle Geranylgeranylpyrophosphat zu Phytoen oder Octahydrolycopin dimerisiert, das schrittweise dehydriert wird (Abb. 20) [46, 47]. Analog der Squalenbiosynthese verläuft auch die Phytoenbildung über eine als Präphytoen bezeichnete Cyclopropylcarbinylverbindung. Phytoen ist aber nicht das C_{40}-Homologe des Squalens; es enthält eine zusätzliche Doppelbindung im Zentrum des Moleküls. Seine Bildung verläuft ähnlich stereospezifisch wie die des Squalens. Beim Knüpfen der Kopf-an-Kopf-Bindung zweier Geranylgeranylpyrophosphate werden von jeder Hälfte jeweils ein pro-1S-Wasserstoff eliminiert.

Die stufenweise Dehydrierung des Phytoens, das vor allem in Laubblättern sehr verbreitet ist, verläuft über Phytofluen und ζ-Carotin, Neurosporin zum Lycopin, wobei jeweils stereospezifisch ein dem pro-5R- und dem pro-2S-Wasserstoff der Mevalonsäure entsprechendes Proton abgespalten wird. Da Phytoen und Phytofluen in ihren Zentren cis-Konfiguration haben, muß zusätzlich eine Isomerisierung stattfinden, da die Carotinoide all-trans-Konfiguration besitzen. Lycopin, der rote Farbstoff der Tomaten, ist die wesentliche Vorstufe für die entsprechenden cyclischen Produkte wie α-, β- und γ-Carotin.

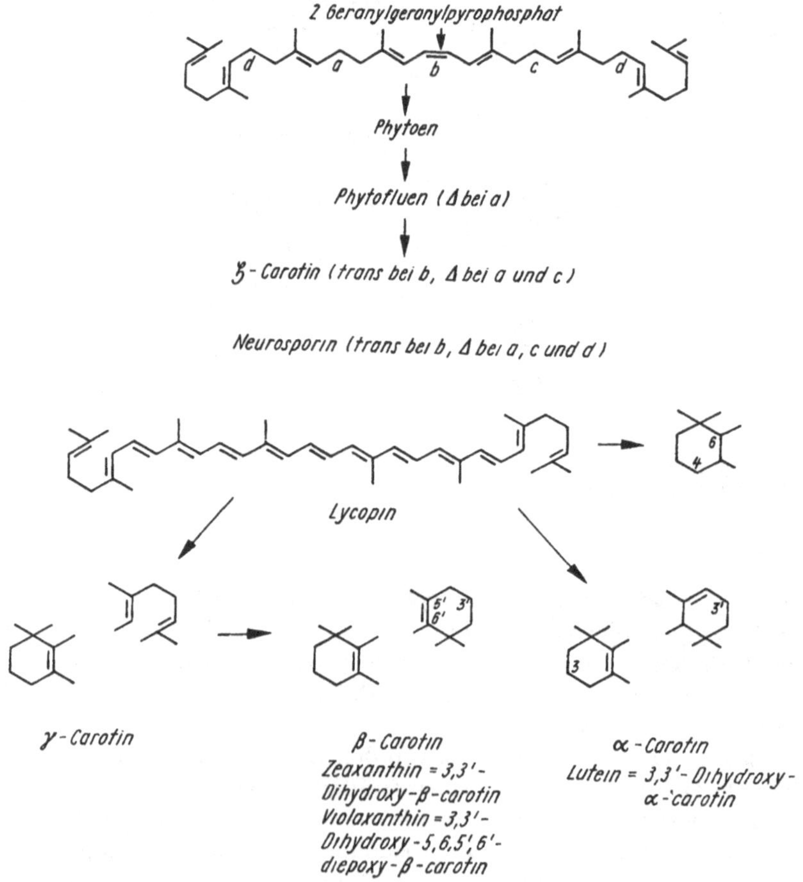

Abb. 20 Biosynthese der Carotinoide

7. *Metabolismus von Kohlenwasserstoffen*

Während bisher vorwiegend die Bildung von Kohlenwasserstoffen in Pflanzen besprochen worden ist, sollen jetzt noch einige Bemerkungen zum Stoffwechsel dieser Substanzklasse gemacht werden. Die genannten Verbindungen gehören im wesentlichen zur Gruppe der sog. sekundären Pflanzenstoffe. Das sind pflanzliche Naturstoffe, die nicht unbedingt für den Stoffwechsel der Pflanzen von Bedeutung sind. Während man früher annahm, daß sekundäre Pflanzenstoffe Endprodukte des Stoffwechsels darstellen, weisen eine Reihe von Untersuchungen darauf hin, daß sie durchaus wieder in den Stoffwechsel einbezogen werden können. Eine Reihe von derartigen Umwandlungen sind bei den einzelnen Substanzklassen schon erwähnt worden. So werden beispielsweise die Terpene durchaus in andere Verbindungen umgewandelt.

Der vollständige Abbau von Kohlenwasserstoffen in Pflanzen ist bisher nicht intensiv untersucht worden. In jedem Fall müssen die inerten Kohlenwasserstoffmoleküle für weitere Reaktionen als erstes reaktionsbereit gemacht werden. Das geschieht im wesentlichen durch Hydroxylierung, durch Einführung einer OH-Gruppe (Abb. 21). Im Fall der Alkane können die entstehenden primären Alkohole dann in bekannter Weise zu den entsprechenden Fettsäuren oxydiert werden, die ihrerseits durch β-Oxidation jeweils um 2 C-Einheiten verkleinert werden [48]. Diese β-Oxidation der Fettsäure ist im wesentlichen eine Umkehrung der Fettsäuresynthese, sie werden als erstes dehydriert zu den α,β-olefinischen Verbindungen, anschließend hydratisiert zu β-Hydroxyabkömmlingen und dehydriert zu entsprechenden ß-Ketoderivaten. Diese unterliegen einer sog. thioklastischen Spaltung, wobei eine Acetyl-CoA-Einheit abgespalten wird, während die um eine C_2-Einheit verkürzte Säure erneut diesem Abbau unterliegen kann.

Die genannte Einführung von Hydroxylgruppen ist eine weit verbreitete Reaktion. Wir hatten sie u.a. bei der Umwandlung von Kauren in Gibberelline kennengelernt. Neben solchen spezifischen Hydroxylierungen, die u.a. auf dem Gebiet der Steroide große Bedeutung besitzen, kennt man auch eine Reihe von unspezifischen Hydroxylierungen, vor allem von sog. Xenobiotika, die als erste Stufe für eine Entgiftung solcher Fremdstoffe aufgefaßt werden müssen. Die genannten Hydroxylierungen werden in den meisten Fällen durch mischfunktionelle Oxygenasen katalysiert, die durch die Anwesenheit eines Cytochrom P 450 charakterisiert sind [49, 50].

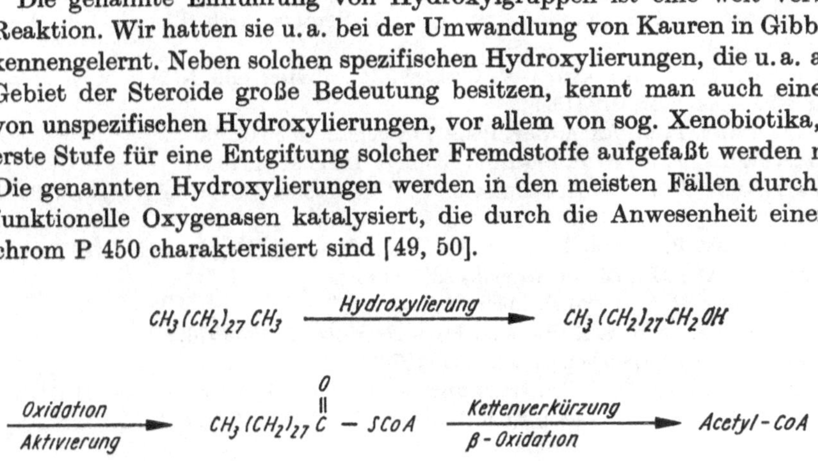

Abb. 21 Abbau von Alkanen

Neben den endogenen Kohlenwasserstoffen muß man auch in Pflanzen in zunehmendem Maße mit dem Auftreten von exogenen Kohlenwasserstoffen rechnen, die aus der Umwelt in die Pflanzen gelangen. Diese müssen in irgendeiner Weise verarbeitet werden. Über die Biotransformation solcher Verbindungen ist bisher wenig bekannt. Ein ubiquitär auftretendes Umweltgift mit Kohlenwasserstoffcharakter ist Benzpyren, ein stark carcinogener Polycyclus, der in Mengen von einigen μg pro kg in verschiedenen pflanzlichen Nahrungsmitteln vorkommt [51, 52]. In Pflanzen und pflanzlichen Zellsuspensionskulturen wird dieser Kohlenwasserstoff z.T. abgebaut [53–57]. Daneben finden sich lösliche Metabolite bzw. beträchtliche Mengen in gebundener Form wahrscheinlich am Lignin. Die Abbauwege sind noch nicht im einzelnen aufgeklärt. Dem Abbau vor allem der exogen in die Pflanzen gelangten Kohlenwasserstoffe muß in Zukunft sicher erhöhte Aufmerksamkeit geschenkt werden.

Literatur

[1] Karrer, W., und E. Cherbuliez, Konstitution und Vorkommen der organischen Pflanzenstoffe. Birkhäuser-Verlag, Basel 1958 und 1977.

[2] Kolattukudy, P. E., Chemistry and Biochemistry of Natural Waxes. Elsevier Publ., Amsterdam 1976.

[3] Klischies, M., J. Stöckigt und M. H. Zenk, Chem. Commun. **1975**, 879.

[4] Lynen, F., Angew. Chem. **77**, 929 (1965).

[5] Packter, N. M., Biosynthesis of Acetate- derived Compounds. Wiley, London 1973.

[6] Schweizer, E., Naturwissenschaften **64**, 366 (1977).

[7] Volpe, J. J., und P. R. Vagelos, Annu. Rev. Biochem. **42**, 21 (1973).

[8] Galliard, T., und E. I. Mercer (Hrsg.), Recent Advances in Chemistry and Biochemistry of Plant Lipids. Academic Press, London 1975.

[9] Kolattukudy, P. E., und J. S. Buckner, Biochem. Biophys. Res. Commun. **46**, 801 (1972).

[10] Kolattukudy, P. E., und L. Brown, Plant Physiol. **53**, 903 (1974).

[11] Jaworski, J. G., E. E. Goldschmidt und P. K. Stumpf, Arch. Biochem. Biophys. **163**, 769 (1974).

[12] Mondeshki, L., B. Stoyanova-Ivanova, G. Zolotovich und N. Marekov, Dokl. Bolg. Akad. Nauk **22**, 679 (1969).

[13] Kolattukudy, P. E., Annu. Rev. Plant Physiol. **21**, 163 (1970).

[14] Kolattukudy, P. E., Arch. Biochem. Biophys. **141**, 381 (1970).

[15] Kolattukudy, P. E., R. H. Jaeger und R. Robinson, Phytochemistry **10**, 3047 (1971).

[16] Kolattukudy, P. E., und T. J. Walton, Arch. Biochem. Biophys. **150**, 310 (1972).

[17] Kolattukudy, P. E., Biochemistry **5**, 2265 (1966).

[18] Kolattukudy, P. E., Phytochemistry **6**, 963 (1967).

[19] Macey, M. J. K., und H. N. Barber, Phytochemistry **9**, 12 (1970).

[20] Macey, M. J. K., Phytochemistry **9**, 757 (1970).

[21] Buckner, J. S., und P. E. Kolattukudy, Arch. Biochem. Biophys. **156**, 34 (1973).

[22] Cassagne, C., und R. Lessire, Arch. Biochem. Biophys. **165**, 274 (1974).

[23] Kolattukudy, P. E., und J. S. Buckner, Biochem. Biophys. Res. Commun. **46**, 801 (1972).
[24] Kolattukudy, P. E., R. Croteau und L. Brown, Plant Physiol. **54**, 670 (1974).
[25] Khan, A. A., und P. E. Kolattukudy, Biochem. Biophys. Res. Commun. **61**, 1379 (1974).
[26] Kaneda, T., Biochemistry **6**, 2023 (1967).
[27] Kolattukudy, P. E., Plant Physiol. **43**, 375 (1968).
[28] Han, J., E. D. McCarthy, M. Calvin und M. H. Benn, J. Chem. Soc. C **1968**, 2785.
[29] Han, J., H. W. S. Chan und M. Calvin, J. Amer. Chem. Soc. **91**, 5156 (1969).
[30] Fehler, S. W. G., und R. J. Light, Biochemistry **9**, 418 (1970).
[31] Fehler, S. W. G., und R. J. Light, Biochemistry **11**, 2411 (1972).
[32] Goad, L. J., und T. W. Goodwin, In: Reinhold, L., und Y. Liwschitz (Hrsg.), Progress in Phytochemistry. Vol. 3, p. 113 Interscience, New York, 1972.
[33] Schütte, H. R., Fortschritte der Botanik **37**, 133 (1975).
[34] Bohlmann, F., Fortschr. Chem. org. Naturstoffe **25**, 1 (1967).
[35] Schütte, H. R., Fortschritte der Botanik **33**, 105 (1971).
[36] Ruzicka, L., Proc. Chem. Soc. **1959**, 341.
[37] Goodwin, T. W. (Hrsg.), Natural Substances Formed Biologically from Mevalonic Acid. Academic Press, New York (1970).
[38] Beytia, E. D., und J. W. Porter, Annu. Rev. Biochem. **45**, 113 (1976).
[39] Schütte, H. R., Fortschritte der Botanik **38**, 129 (1976).
[40] Banthorpe, D. V., B. V. Charlwood und M. J. Francis, Chem. Rev. **72**, 115 (1972).
[41] Hedden, P., J. MacMillan und B. O. Phinney, Annu. Rev. Plant Physiol. **29**, 149 (1978).
[42] Dempsey, M. E., Annu. Rev. Biochem. **43**, 967 (1974).
[43] Grunwald, C., Annu. Rev. Plant Physiol. **26**, 209 (1975).
[44] Cornforth, J. W., Angew. Chem. **88**, 530 (1976).
[45] Schütte, H. R., und M. Stock, Isotopenpraxis **15**, 197 (1979).
[46] Goodwin, T. W., Biochem. J. **103**, 293 (1970).
[47] Goodwin, T. W., In: Issler, O. (Hrsg.), Carotenoids. Birkhäuser-Verlag, Basel, 1971, p. 577.
[48] Kolattukudy, P. E., Plant Physiol. **44**, 315 (1969).
[49] Ulrich, V., Angew. Chem. **84**, 689 (1972).
[50] Gunsalus, I. C., T. C. Pederson und S. G. Sligar, Ann. Rev. Biochem. **44**, 377 (1975).
[51] Steubing, L., Angew. Botanik **45**, 1 (1971).
[52] Suess, M. J., Sci. tot. Env. **6**, 239 (1976).
[53] Durmishidze, S. V., T. V. Devdariani, L. K. Kavtaradze und L. Sh. Kvartskhava, Dokl. Akad. Nauk SSSR **218**, 1468 (1974).
[54] Harms, H., Landbauforschung Völkenrode **25**, 83 (1975).
[55] Harms, H., W. Dehnen und W. Mönch, Z. Naturforsch. **32c**, 321 (1977).
[56] Müller, H., Z. Pflanzenernähr. Bodenk. **139**, 685 (1976).
[57] Trenck, K. T. v. d., und H. Sandermann, Jr., Planta **141**, 245 (1978).

T. M. Uschakowa, K. I. Eller, L. S. Worobjowa und N. J. Fedotowa

Kohlenwasserstoffe von einigen einheimischen Lebensmitteln tierischer und pflanzlicher Herkunft

Im letzten Jahrzehnt wurde eine intensive Forschung über das Vorkommen aliphatischer Kohlenwasserstoffe in der lebenden Natur erkennbar. Das hängt mit ökologischen Aspekten der Ölverschmutzung zusammen. In diesem Zusammenhang entstand die Aufgabe, den natürlichen Kohlenwasserstoffgehalt in verschiedenen Tier- und Pflanzenarten zu untersuchen und Unterschiede zwischen Gemischen von biogenen und Erdölkohlenwasserstoffen festzustellen.

Im Institut für Ernährung der Akademie der Medizinischen Wissenschaften der UdSSR werden Struktur und Gehalt von einigen aliphatischen und aromatischen Kohlenwasserstoffen in lebenden Organismen sowie ihre Bedeutung und die Metabolisierung dieser Verbindungen untersucht. Für die Durchführung dieser Arbeiten wurde von uns eine sichere und empfindliche Methode [1] zur Analyse der Kohlenwasserstoffgruppen im biologischen Material ausgearbeitet. Sie bietet die Möglichkeit, aliphatische und zykloaliphatische Kohlenwasserstoffe zu bestimmen, darunter Alkane von normaler und isoprenoider Struktur, Squalen und monozyklische Aromaten. Die Methode hat folgende Arbeitsstufen:

1. Aufschluß des biologischen Materials durch alkalische Hydrolyse und Extraktion des unverseifbaren Anteils

Für die vollständige Extraktion der Kohlenwasserstoffe wird das biologische Material durch die alkalische Hydrolyse zerstört und anschließend wird die unverseifbare Fraktion mit einem Gemisch von Hexan und Diethylether extrahiert. Bei der Verseifung werden die Esterlipide zerstört, so daß man eine Anreicherung der Kohlenwasserstoffe im Extrakt erhält und ihre chromatographische Isolierung erleichtert wird.

2. Isolierung der Fraktionen aliphatischer und zykloaliphatischer Kohlenwasserstoffe, monozyklischer Aromaten und des Squalens

Es wurden Bedingungen zur Isolierung dieser Kohlenwasserstoffe im Unverseifbaren gefunden. Man benutzt dafür die präparative Dünnschichtchromatographie an Aluminiumoxid (Typ „Woelm“, Aktivitätsstufe I), Hexan als Solvens und entwickelt das Chromatogramm mit Joddampf.

Ein intensiv gelber Fleck im Bereich Rf 0.55 bis 0.65 entspricht dem terpenoiden Kohlenwasserstoff Squalen. Außerdem wurden Bedingungen ausgearbeitet, um aus dem Unverseifbaren die Summe der wesentlichen Kohlenwasserstoffkomponenten des Erdöls, die aliphatischen, zykloaliphatischen, mono-, di- und trizyklische Aromaten zu isolieren. Dazu verwenden wir die präparative Dünnschichtchromatographie an Aluminiumoxid (Aktivitätsstufe I), Rf-Bereich 0.2 bis 1 und Hexan als Solvens oder die Säulenchromatographie mit dem gleichen Sorbens.

3. *Identifizierung und quantitative Erfassung der monozyklischen Aromaten*

Die Verbindungen im Bereich Rf 0.65 bis 0.80 entsprechen hauptsächlich den monozyklischen Aromaten. Das wurde unter gleichen chromatographischen Bedingungen an einer Reihe monozyklischer Aromaten, wie Benzolhomologe, Tetralin und Indan bestätigt und auch mit Hilfe von Farbreaktionen bei der Entwicklung des Chromatogramms mit einer Mischung von 40%iger wäßriger Formaldehydlösung und Schwefelsäure (Nastjukowsche Reaktion) bewiesen. In Anwesenheit der Benzolhomologen färbt sich die Mischung orange, im Fall der Indan- und Tetralinhomologen wird die Mischung himbeerfarben. Außerdem wiesen die UV-Spektren von Lösungen dieser Verbindungen eine Reihe charakteristischer Absorptionsmaxima im Bereich von 265 bis 275 nm auf.

Zur Gehaltsbestimmung dieser Kohlenwasserstoffe benutzt man die Messung der optischen Dichte bei 268 nm nach der Methode des äußeren Standards. Dazu bestimmt man die Abhängigkeit der optischen Dichte von der Konzentration bei 268 nm von Lösungen monozyklischer Aromaten, die z. B. aus Erdöldestillaten nach der oben angeführten Methode isoliert wurden. Danach mißt man die optische Dichte der zu untersuchenden Fraktion der monozyklischen Aromaten bei der gleichen Wellenlänge und ermittelt ihre Konzentration aus der erhaltenen Eichkurve. Die Vergleichsküvette enthält die gleiche Lösung aus dem Blindversuch.

4. *Identifikation und Erfassung des Gehaltes der Fraktion aliphatischer und zykloaliphatischer Kohlenwasserstoffe, darunter der Alkane normaler und isoprenoider Struktur*

Die Verbindungen, die aus dem Sorbens im Bereich Rf 0.8 bis 1.0 bei der präparativen Trennung des Unverseifbaren eluiert werden, sind auf Grund der IR-Spektren den Alkanen und Zykloalkanen zuzuordnen und enthalten keine aromatischen Kohlenwasserstoffe. Es fehlen die Absorptionsmaxima bei den Wellenlängen über 220 nm, und auch bei der Entwicklung der Dünnschichtchromatogramme mit dem Formaldehyd-Schwefelsäure-Reagenz wird keine Färbung angezeigt. Für die Identifizierung und quantitative Erfassung der einzelnen Verbindungen wird die Gaschromatographie verwendet. Den summarischen Gehalt kann man auch gravimetrisch bestimmen.

Für diese Untersuchungen wurden die Gaschromatographen „Zwet-106" und „Perkin-Elmer F-11" mit FID, Temperaturprogrammierung und gepackten bzw. Kapillarsäulen mit unpolarer Phase benutzt. Die Identifizierung der Verbindungen erfolgte durch Vergleich der Retentionszeiten mit Testgemischen. Für die quantitative Bestimmung wurde die Methode des inneren Standards verwendet. Analog wurde der Squalengehalt bestimmt. Manchmal wurden die Kohlenwasserstoffe durch die kombinierte Methode Gaschromatographie-Massenspektrometrie identifiziert. Hierzu diente das Spektrometer „Finnigan-3200-F" mit Glaskapillarsäulen.

Mit Hilfe der ausgearbeiteten Methode untersuchten wir die Kohlenwasserstoffzusammensetzung einiger Arten lebender Organismen, wie Mikroorganismen, Pflanzen, Organe und Gewebe von Tieren [2, 3, 4]. Diese Mitteilung enthält Angaben über den Gehalt der untersuchten Kohlenwasserstoffgruppen in einigen einheimischen Lebensmitteln tierischer und pflanzlicher Herkunft, wobei der Zusammensetzung der aliphatischen Kohlenwasserstoffe besondere Aufmerksamkeit geschenkt wurde. Wir haben repräsentative Muster von Nahrungsmitteln aus verschiedenen klimatischen Zonen des Landes untersucht. Es werden ebenfalls Untersuchungsergebnisse über Lebensmittel tierischer Herkunft vorgestellt, die bei Anwendung traditioneller Futtermittel erhalten wurden und zu verschiedenen Jahreszeiten gewonnen wurden. Die Ergebnisse sind in Tabelle 1 dargestellt.

Tabelle 1 Gehalt an Kohlenwasserstoffen in einigen Lebensmitteln tierischer und pflanzlicher Herkunft in mg pro kg der Rohmasse

Lebensmittel	n-Alkane C_{14}–C_{31}	n-Alkangehalt in % von der Summe C_{14}–C_{22}	C_{23}–C_{31}	Fraktion der aliphatischen und zykloaliphatischen Kohlenwasserstoffe
Speck	3 - 5	65–80	20–35	25– 45
Broilerkörper	1 - 4	60–80	20–40	12– 18
Hühnereigelb	1 - 3	30–45	55–70	15– 30
Kuhmilch	1 - 2	40–50	60–50	4– 6
Butter	45 - 52	20–30	70–80	120–130
Kartoffel	0,5 - 2	60–70	30–40	2– 4
Weißkohl	42 - 48	8–10	90–92	50– 55
Erbse	7 - 10	15–20	80–85	20– 25
Weizenkorn	20 - 34	10–15	90–85	40– 70
Weizenbrot, die II. Sorte	0,5 - 2	8–12	92–88	3– 8
Roggenbrot	2 - 4	30–40	70–60	6– 10
Sonnenblumenöl	95 -105	15–20	80–85	350–400
Antisklerotische Diätnahrung des IfE	9 - 10	13–15	87–85	23– 25

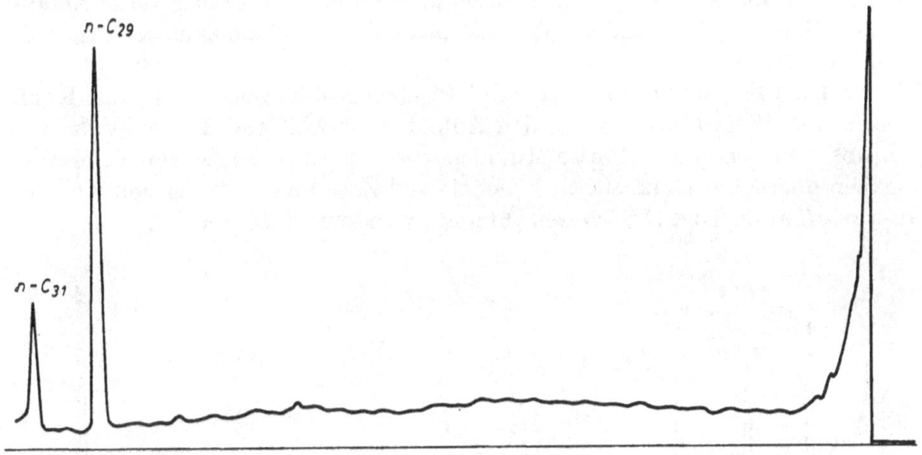

Abb. 1 Chromatogramm der aliphatischen KW in Kohl. Stahlsäule 2 m, ⌀ 0,3 cm. SE-30 am Chromosorb W, Trägergas Stickstoff, Temperatur 120–320 °C, 8°/min

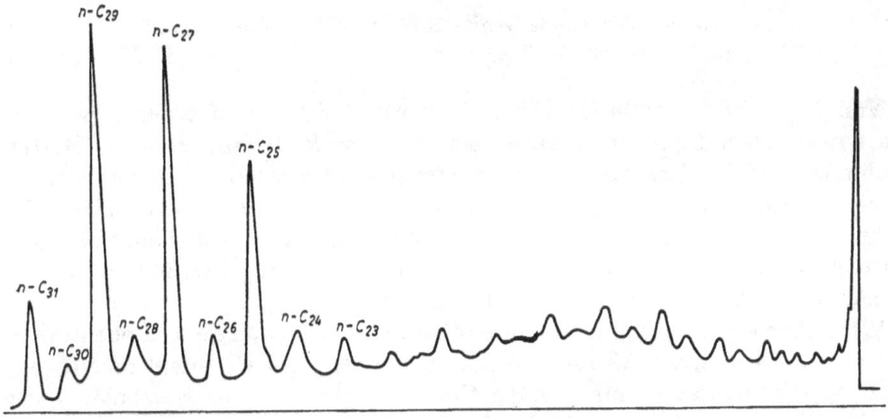

Abb. 2 Chromatogramm der aliphatischen KW in Weizenkörnern der Sorte „Nowosibirskaja". Stahlsäule 2 m, ⌀ 0,3 cm. SE-30 am Chromosorb W. Trägergas Stickstoff. Temperatur 120–320 °C, 8°/min

Es wurde festgestellt, daß in einer Reihe der untersuchten pflanzlichen Nahrungsmittel (einige Weizensorten, Erbsen, Kartoffeln, Kohl) die Summe der Fraktion aliphatischer und zykloaliphatischer Kohlenwasserstoffe in Spuren enthalten ist und 2 bis 70 mg/kg der Biomasse beträgt. Die in diesen Produkten identifizierten n-Alkane C_{14}–C_{31}, die etwa 50% der Gesamtfraktion betragen, sind durch ein spezifisches Verteilungsbild gekennzeichnet. Es überwiegen die ungeradzahligen n-Alkane C_{27}, C_{29}, C_{31}, die in den meisten Fällen über 80%

der n-Alkansumme betragen. Im Weizen- und Roggenbrot beträgt der n-Alkangehalt 1 bis 3 mg/kg, und es sind hauptsächlich hochmolekulare, ungeradzahlige n-Alkane vertreten. Im Sonnenblumenöl wurden bis zu 400 mg/kg gefunden. Die Chromatogramme der aliphatischen Kohlenwasserstoffe aus Kohl, Weizen und Weizenbrot sind in den Abbildungen 1, 2 und 3 dargestellt. Die von uns erhaltenen Ergebnisse stimmen gut mit einer Reihe von Literaturangaben überein, z. B. hinsichtlich Gehalt und Zusammensetzung von Kohlenwasserstoffen in Kohl [5], Weizen [6] und in anderen Pflanzen [7].

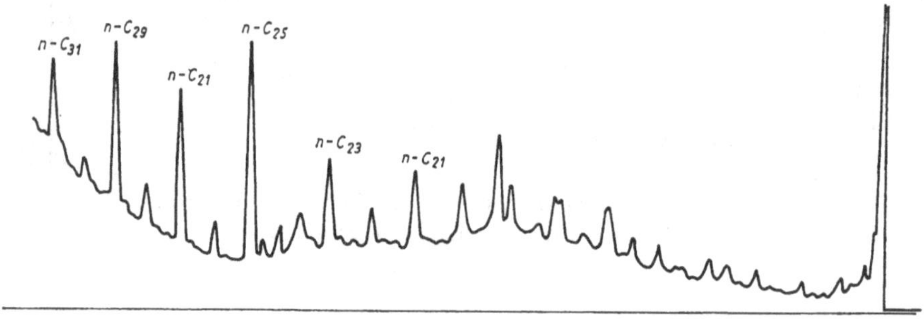

Abb. 3 Chromatogramm der aliphatischen KW in Weizenbrot. Stahlsäule L = 2 m, ⌀ 0,3 cm. SE-30 am Chromosorb W. Trägergas Stickstoff. Temperatur 120–320 °C, 8°/min

Von den Lebensmitteln tierischer Herkunft sind solche untersucht worden, die einen hohen Lipidgehalt aufweisen, wie Speck, Hühnereidotter, Butter, Kuhmilch und Broilerkörper. Es konnte festgestellt werden, daß in den meisten dieser Nahrungsmittel die Kohlenwasserstoffe aus dem verwendeten Viehfutter akkumuliert wurden. Der Gehalt an Kohlenwasserstoffen in den Nahrungsmitteln lag im Spurenbereich zwischen 12 und 45 mg/kg Produkt, wobei der Gehalt an n-Alkanen 1 bis 5 mg/kg betrug.

Wir haben auch die Kohlenwasserstoffzusammensetzung dieser Lebensmittel untersucht. Im Speck wurden n-Alkane von C_{14} bis C_{31} identifiziert (vgl. Abb. 4). Hier ist das Dominieren der Verbindungen mit einer Kettenlänge von C_{14} bis C_{22} charakteristisch. In der Gruppe der hochmolekularen n-Alkane ist ein erhöhter Anteil ungeradzahliger Alkane festzustellen. Außerdem wurden isoprenoide Alkane im Bereich von C_{15} bis C_{22} in einer Menge von 0.5 mg/kg identifiziert. Die Hauptkomponenten sind Pristan (C_{19}) und Phytan (C_{20}). Der Squalengehalt beträgt etwa 15 mg/kg.

Im Hühnereidotter wurde mit Hilfe der kombinierten Methoden Gaschromatographie-Massenspektrometrie durch Rekonstruktion der charakteristischen Ionen ein komplexes Gemisch von Alkanen und Zykloalkanen identifiziert (vgl. Abb. 5 u. 6). Die n-Alkane sind durch Kohlenwasserstoffe C_{13} bis C_{33} vertreten, wobei der Schwerpunkt bei den höhermolekularen, ungeradzahligen Verbindungen liegt. Bei den isoprenoiden Alkanen dominieren Pristan und

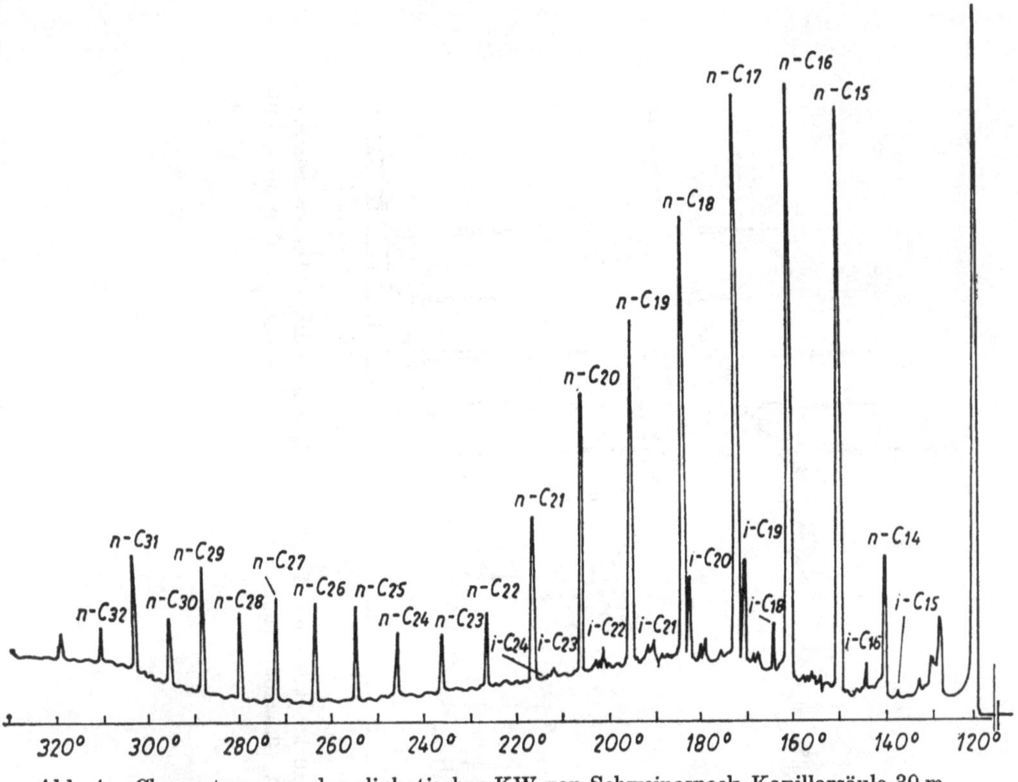

Abb. 4 Chromatogramm der aliphatischen KW von Schweinespeck. Kapillarsäule 30 m, Apjeson L, Trägergas Wasserstoff. Temperatur 120–320 °C, 2°/min

Phytan. Von großem Interesse waren Ergebnisse, die es gestatteten, im Eidotter einige zyklische Steran- und Terpankohlenwasserstoffe nachzuweisen, die für dieses Produkt charakteristisch sind. Es wurden Strukturisomere folgender bizyklischer und trizyklischer Terpane identifiziert:

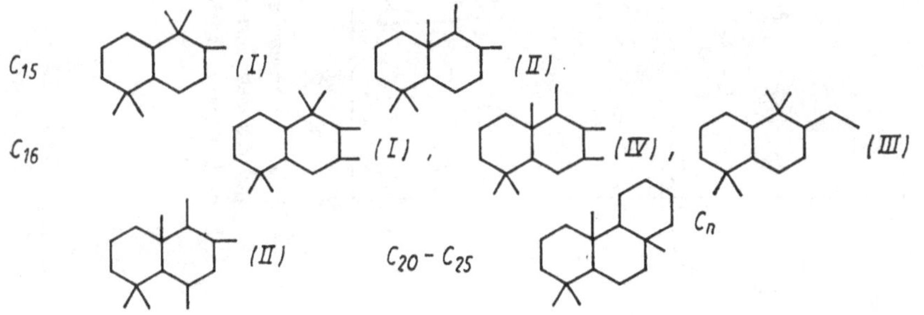

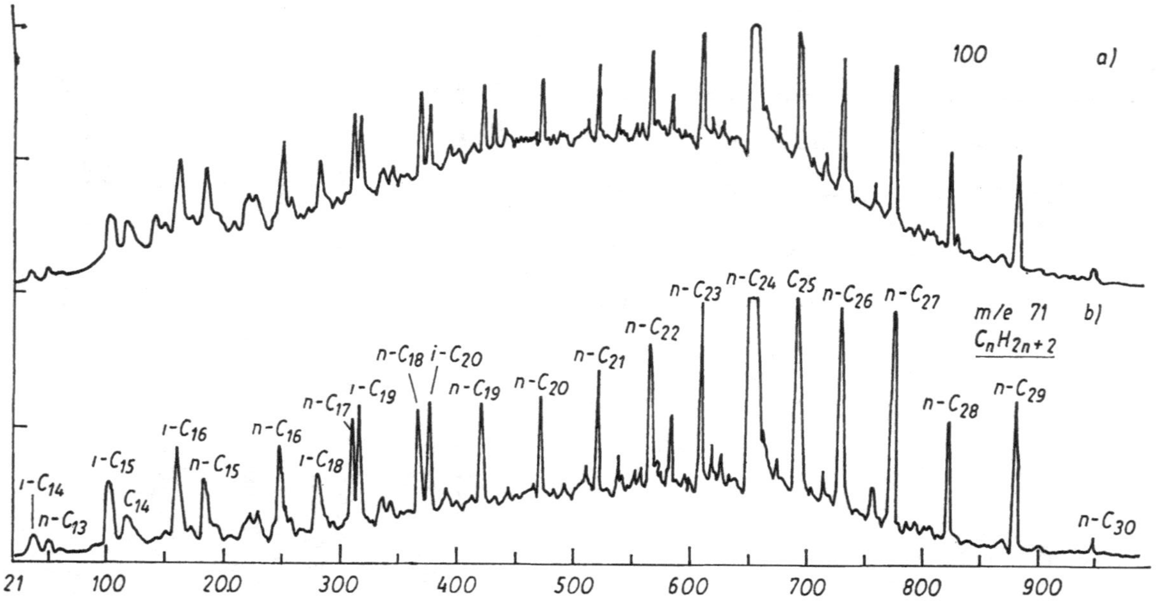

Abb. 5 Chromatogramme der aliphatischen und alizyklischen KW in Hühnereigelb nach dem vollen Ionenstrom (a) und rekonstruiert nach Ionen mit m/e 71 (b). Glaskapillarsäule 25 m, SE-30. Temperatur: 140°C (6 min), 140–290°, 6°/min, 290°C (Isotherme)

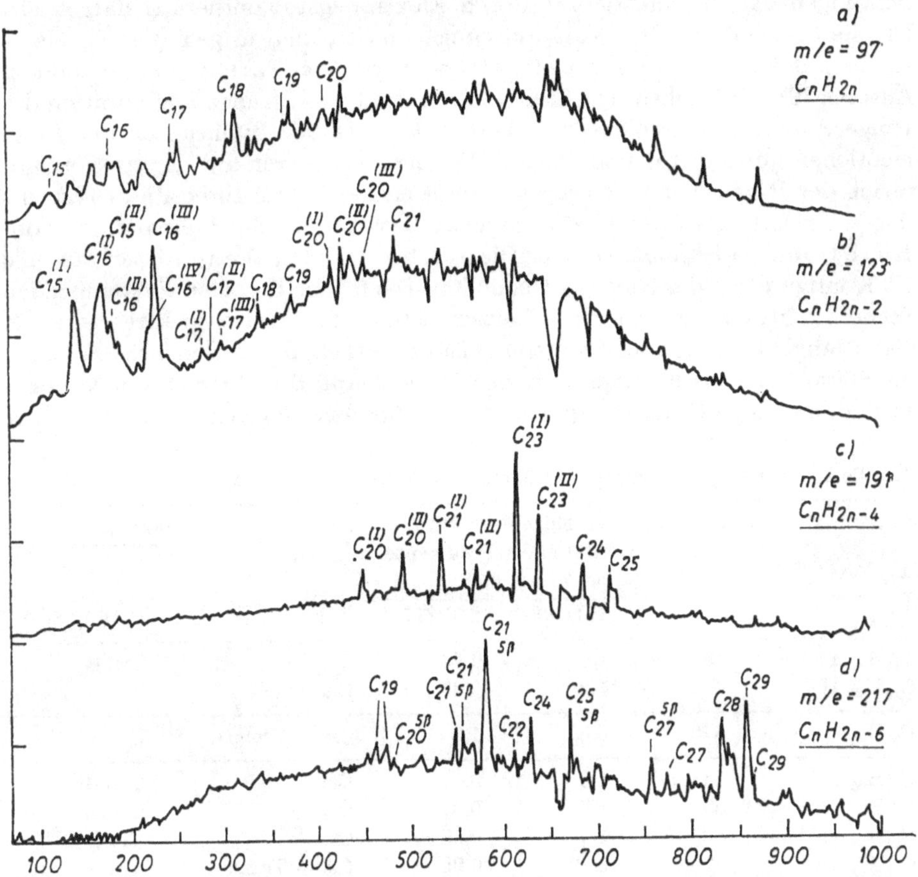

Abb. 6 Rekonstruierte Chromatogramme der aliphatischen und alizyklischen KW in Hühnereigelb nach Ionen mit m/e 97 (a), 123 (b), 217 (d)

Die Gruppe der tetrazyklischen Sterane mit der gemeinsamen Formel

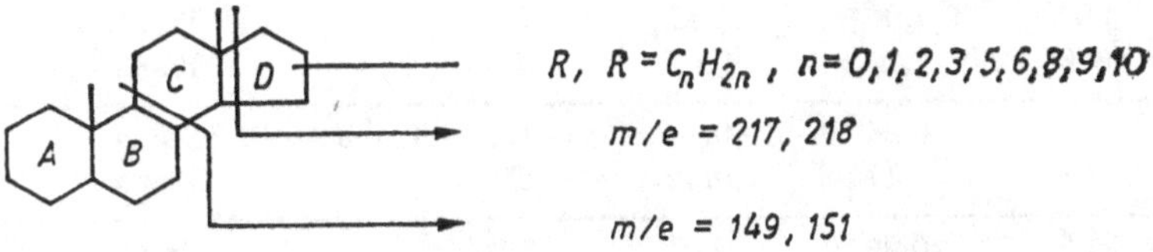

stellt eine Mischung der Stereoisomeren dar. Das wurde durch die Massenspektren bestätigt, die Molekülionen, intensive Fragmentionen und auch Ionen mit m/e 217, 218 und 149, 151 aufwiesen. Auf dem Schema sind die Hauptrichtungen der Fragmentierung durch Elektronenstoßionisierung dargestellt. Die stereochemische Strukturaufklärung von Steranen in geologischen Materialien mit Hilfe der Massenspektrometrie wurde von PETROV [8] und anderen Autoren [9] beschrieben. Die Sterane der α-Reihe mit trans-Konfiguration der Ringe A und B weisen niedrige Verhältniswerte der Intensitäten der Fragmentionen mit m/e 151 und 149 auf. Bei den β-Isomeren mit der cis-Konfiguration der Ringe A und B betragen die Werte $\sim$1. Das Intensitätsverhältnis der Ionen mit m/e 218 und 217 kann zur Bestimmung der Stereostruktur der Ringe C und D benutzt werden. Die $\sim$1 betragenden Werte weisen auf eine cis-Konfiguration der Ringe (β-Reihe) hin. Die für die Eidotter vorkommenden Steranstrukturen gefundenen Charakteristika der Massenspektren sind in Tab.2 angeführt. Aus der Darstellung ist ersichtlich, daß in den meisten Fällen die Sterane eine cis-Konfiguration der Ringe A und B und eine trans-Konfiguration der Ringe C und D aufwiesen, was für den biogenen Ursprung dieser

Tabelle 2 Massenspektrometrische Charakteristiken der Struktur der Sterane des Eigelbs

Sterane	Spektren-nummern	Verhältnis der Intensitäten der Fragmentenpeaks mit m/e		Ringenkonfigurationstyp	
		151/149	218/217	A/B	C/D
$C_{19}H_{32}$ I	461	1,0	0,44	Cis	Trans
$C_{19}H_{32}$ II	472	1,2	0,47	Cis	Trans
$C_{20}H_{34}$	478	0,85	1,6	Cis + Trans	Cis
$C_{21}H_{36}$ I	543	1,2	0,42	Cis	Trans
$C_{21}H_{36}$ II	556	1,2	0,47	Cis	Trans
$C_{21}H_{36}$ III	562	1,2	0,59	Cis	Trans
$C_{21}H_{36}$ IV	576	0,90	0,99	Cis + Trans	Trans
$C_{22}H_{38}$ I	592	1,2	0,44	Cis	Trans
$C_{22}H_{38}$ II	598	1,2	0,53	Cis	Trans
$C_{22}H_{38}$ III	608	0,75	0,44	Cis + Trans	Trans
$C_{24}H_{48}$	625	1,2	0,7	Cis	Trans + Cis
$C_{25}H_{44}$ I	669	1,3	0,37	Cis	Trans
$C_{25}H_{44}$ II	676	1,1	0,67	Cis	Trans + Cis
$C_{27}H_{48}$ I	756	0,86	0,46	Cis + Trans	Trans
$C_{27}H_{48}$ II	773	0,47	0,42	Trans	Trans
$C_{28}H_{50}$ I	830	0,96	0,5	Cis	Trans
$C_{28}H_{50}$ II	834	0,56	0,36	Trans	Trans
$C_{29}H_{52}$ I	856	0,53	0,52	Trans	Trans
$C_{29}H_{52}$ II	862	0,50	0,76	Trans	Trans

Verbindungen kennzeichnend ist. Die Sterane in Erdölen, welche aus den biogenen Verbindungen gebildet wurden, gehören nach Literaturangaben [8], [9] hauptsächlich zur α-Reihe bei den Ringen A und B und zur β-Reihe bei den Ringen C und D. Der Gehalt an Squalen betrug im Eidotter 15–17 mg/kg.

In der Kuhmilch dominieren unter den n-Alkanen die für Kohlenwasserstoffe aus Pflanzen charakteristischen höheren ungeradzahligen Verbindungen C_{21}, C_{23}, C_{25}, C_{27}, C_{29} und C_{31} sowie C_{17} und C_{18}. Phytan und Pristan sind die wesentlichen isoprenoiden Alkane. Mit Hilfe der Gaschromatographie-Massenspektrometrie wurden 2 isomere Phytane und Phytadien identifiziert (vgl. Abb. 7, 8). Analoge Ergebnisse sind in der Literatur beschrieben [10].

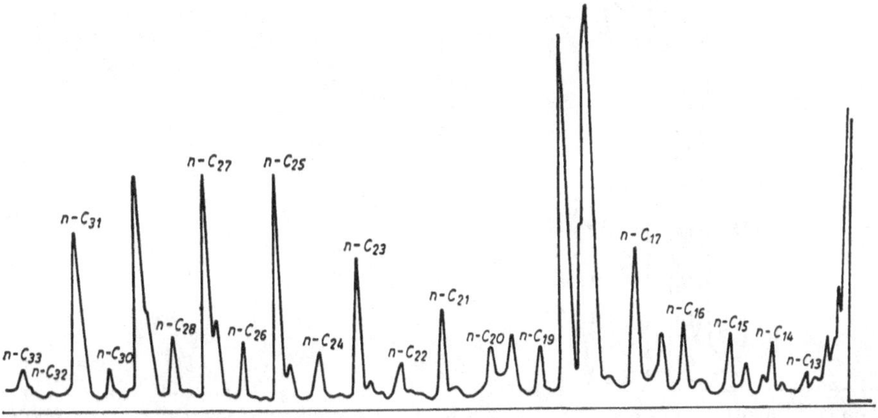

Abb. 7 Chromatogramm der aliphatischen KW in Kuhmilch. Stahlsäule 2 m, ∅ 0,3 cm, SE-30 am Chromosorb W. Temperatur 120–320 °C, 8°/min, Trägergas Stickstoff

In der Butter wurden Gehalte an Kohlenwasserstoffen bis zu 130 mg/kg gefunden. Die Verteilung der n-Alkane ist der in Pflanzen analog.

Es war von Interesse, die tägliche Zufuhr von Kohlenwasserstoffen in den menschlichen Körper über die Nahrungsmittel festzustellen. Zu diesem Zweck untersuchten wir die antisklerotische Tagesration mit einem Gehalt von 2800 bis 3000 kcal, die in der Klinik für Diätotherapie unseres Institutes entwickelt wurde [11]. Bei Verwendung dieser Diät, deren Gesamtmasse 2,5 kg beträgt, und in der die Grundnährstoffe balanciert sind, gelangen in den menschlichen Organismus etwa 50 bis 55 mg Kohlenwasserstoffe (Aliphaten und Zykloaliphaten). Die n-Alkane waren in einer Menge von 23 bis 25 mg vertreten, und sie sind hauptsächlich den langkettigen, ungeradzahligen Verbindungen zuzuordnen.

In allen untersuchten Lebensmitteln betrug der Gehalt an monozyklischen Aromaten weniger als 1 mg/kg. Das UV-Spektrum der monozyklischen Aromaten im Eidotter ist in Abb. 9 dargestellt.

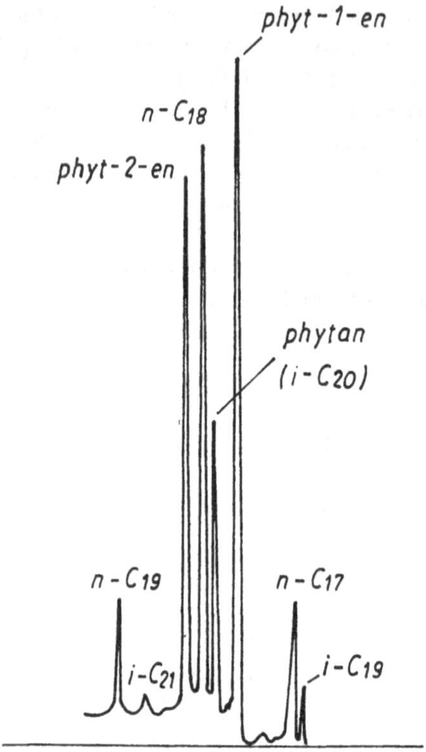

Abb. 8 Chromatogramm der aliphatischen KW in Kuhmilch im Intervall C_{17}–C_{19}. Kapillarsäule 30 m, Apjeson L, Trägergas Wasserstoff. Temperatur 170–200 °C, 2°/min

Auf diese Weise wurde der natürliche Gehalt an Kohlenwasserstoffen in einer Reihe einheimischer Lebensmittel pflanzlicher und tierischer Herkunft festgestellt. Der nachgewiesene spezifische Charakter der Verteilung der aliphatischen Kohlenwasserstoffe und der Gehalt an monozyklischen Aromaten ermöglichen es, den Verunreinigungsgrad von Lebensmitteln durch exogene Kohlenwasserstoffe nachzuweisen.

Literatur

[1] Покровский, А. А., Т. М. Ушакова, К. И. Эллер, И. Н. Аксюк, Л. Ш. Воробьев, Н. Ю. Федотова, Вопросы питания, 1978, № 5, с. 68.

[2] Покровский, Л. Т. Пономарева, Т. М. Ушакова, К. И. Эллер, Д. И. Кузнецов, в кн. Медико-биологические исследования углеводородных дрожжей, ''Наука'', М., 1972, с. 214.

[3] Ушакова, Т. М., К. И. Эллер, Л. Ш. Воробьева, Ф. А. Медведев, Тезисы докладов конференции: Синтез, метаболизм и роль углеводородов в живых системах. Пущино, 1977, с. 25.

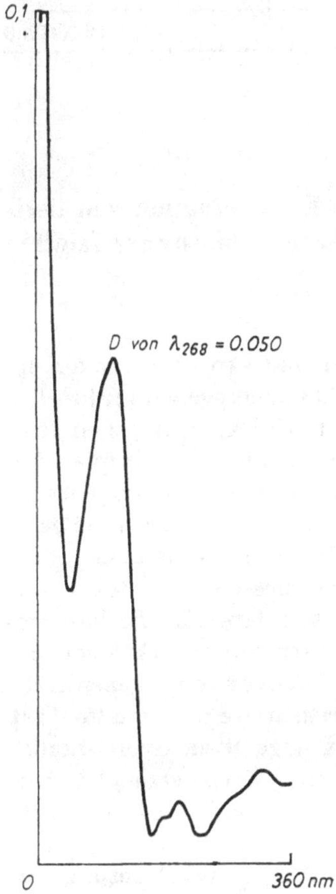

Abb. 9 UV-Spektrum der monozyklischen Aromaten von 50 g Hühnereigelb in Heptan

[4] Ушакова, Т. М., К. И. Эллер, Ф. А. Медведев, И. Н. Аксюк, Л. Ш. Воробьева, Н. Ф. Федотова, Вопросы питания, 1979, № 3, с. 69.
[5] Hill, A. S., Mattick L. R., Phytochemistry **5**, 693 (1966).
[6] Joungs, V. L., Gilles, K. A., Cereal Chem. **47**, 317 (1970).
[7] Herkin, G. A., Robins P. A., Phytochemistry **3**, 1985 (1969).
[8] Петров, А. А., С. Д. Пустильникова, Н. Н. Абрютина, Г. Ф. Каграмонова, ''Нефтехимия'' **16**, 1 (1976).
[9] Gallegos, F. J., Anal. Chem., **43**, 1151 (1971).
[10] Flanagan, V. P., Ferretti, A., J. Lipid. Res. **14**, 306 (1973).
[11] Покровский, А. А., И. С. Савощенко, М. А. Самсонов, М. С. Маршак, М. П. Черников, Л. М. Ногаллер, в кн. Лечебное питание, ''Медицина'', М., 1971, с. 326.

W. Fritz, R. Engst und H. Ackermann

Untersuchungen über Quellen und Umfang der Kontamination von tierischen Lebensmitteln mit polyzyclischen aromatischen Kohlenwasserstoffen (PAK) sowie Möglichkeiten ihrer Reduzierung

Bei der Suche nach Geschwulstursachen stehen die exogenen Noxen im Vordergrund. Von den bisher bekannten etwa 2000 Cancerogenen [19] stellen die polyzyclischen aromatischen Kohlenwasserstoffe (PAK), von denen etwa 200 krebserzeugend sind [2], die größte chemisch einheitliche Gruppe dar. PAK treten in der Umwelt niemals als Einzelsubstanzen, sondern stets im komplexen Gemisch auf. Sie konnten als krebserzeugende Faktoren bei zahlreichen Berufskrebsfällen in Rußen, Teeren, Paraffinen und Mineralölen identifiziert werden [11]. Die krebserzeugende Wirkung dieser Gemische ist tierexperimentell immer wieder bestätigt worden. So konnten z. B. die kanzerogene Wirkung von Autoabgaskondensaten an Mäusen auf die Fraktion der PAK zurückgeführt werden, wobei nach Isolierung 9% der kanzerogenen Aktivität allein dem Benzo(a)-pyren (BaP) zugeschrieben werden mußte [12]. BaP wird international als Leitsubstanz der PAK angesehen. Grundsätzlich gilt, daß Substanzen, die im Tierexperiment eindeutig Krebs erzeugt haben, entsprechend den international üblichen Gepflogenheiten (WHO, IARC, UICC) als suspekt für den Menschen gelten [19].

Die kanzerogene Wirkung der PAK ist eng mit ihrer Metabolisierung verknüpft.

Bemerkungen zum Metabolismus

PAK werden wie andere Kanzerogene nach ihrem Übergang in den Organismus metabolisiert und damit aus einer inaktiven Vorstufe – dem Präkanzerogen – in reaktive Metabolite, die sogenannten proximalen und ultimalen Kanzerogene umgewandelt [13]. In Abbildung 1 wird der BaP-Stoffwechsel dargestellt.

BaP wird wie andere PAK aus dem Gastro-Intestinaltrakt der Versuchstiere resorbiert. Nach ihrer Adsorption an die Oberfläche der Darmmukosa erfolgt eine passive Diffusion des BaP [16]. Anschließend wird BaP – wie andere PAK – von einem Isoenzym des Cytochrom P-450, dem sogen. Cytochrom P-448 [1] zu verschiedenen Aryloxiden, Phenolen und Chinonen metabolisiert [14]. Der Abbau erfolgt in erster Linie über die Aryloxide, die durch Bildung von

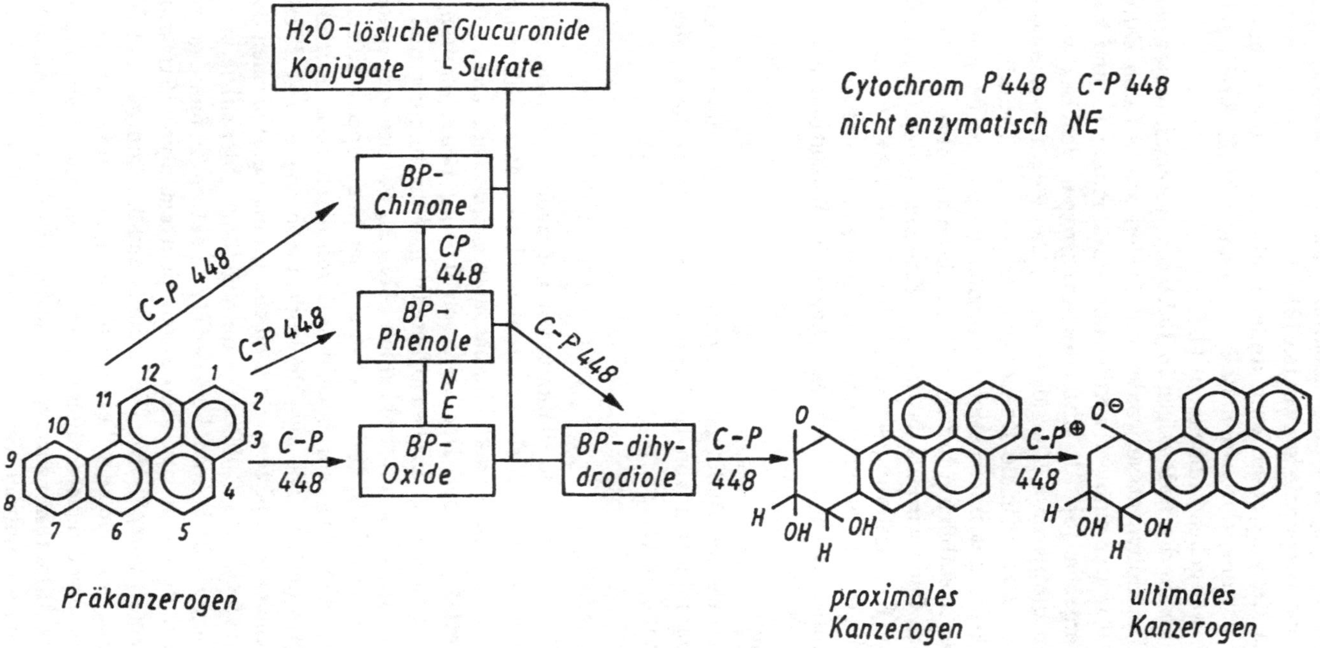

Abb. 1 BaP-Stoffwechsel, Entgiftung

wasserlöslichen Konjugaten mit Glucuron- bzw. Schwefelsäure entgiftet aus dem Organismus ausgeschieden werden [8].

Das gleiche Enzymsystem kann andererseits eine Giftung bewirken. Der genaue Mechanismus, durch den BaP und andere PAK Krebs erzeugen, ist bis jetzt noch weitgehend unbekannt [14].

Einige Aryloxide des BaP zeigen in Bakteriensystemen mutagene Wirkung [22]. Durch Epoxidhydratase werden die Arylepoxide zu den Dihydrodiolen umgesetzt, die weiter oxidiert werden und stark mutagene und kanzerogene Diolepoxide ergeben [8]. Als ultimales Kanzerogen des BaP wird das 7,8-Dihydroxybenzo(a)pyren-9,10-oxid, vor allem das $9,\alpha,10\infty$-stereoisomere [21] angesehen [18]. Das ultimale Kanzerogen reagiert auf Grund seines elektrophilen Charakters mit informationstragenden Biopolymeren wie DNS, RNS oder Proteinen zu stabilen Adukten [13]. Die daraus resultierende Veränderung des genetischen Code wird als das kausale Ereignis in der Umwandlung einer Normal- in eine Krebszelle angesehen [15]. So können PAK wie andere Kanzerogene z.B. den Verlust bestimmter Schlüsselproteine bewirken, die für uns als zelluläre Wachstumskontrolle von entscheidender Bedeutung sind.

Problemstellung

Im folgenden werden Bildungsbedingungen von PAK, die Quellen und Umfang der Kontamination von tierischen Lebensmitteln sowie Möglichkeiten ihrer Reduzierung untersucht.

Methodik

Zur Identifizierung und Bestimmung von polyzyclischen aromatischen Kohlenwasserstoffen (PAK) in Lebensmitteln wird eine Methodik verwandt, die durch Kombination von extraktiven, chromatographischen und spektrophotometrischen Verfahren einen Nachweis von 0,01 μg Benzo(a)pyren/kg neben anderen PAK ermöglicht. Probenvorbereitung, Vorreinigung und Anreicherung sind bei den Proben unterschiedlich (Abb. 2). Bei proteinreichen Lebensmitteln wie Fleisch, Fisch, Hefe, Getreide, aber auch Speck ist zur vollständigen Erfassung der PAK ein Aufschluß durch einen vorangehenden Verseifungsschritt erforderlich. Die anschließende Isolierung und Auftrennung der PAK wird nacheinander in zwei dünnschichtchromatographischen Systemen – Kieselgel und acetylierte Cellulose – durchgeführt. Identifizierung und Bestimmung erfolgten durch Aufnahme der UV-Spektren (Erfassungsgrenze etwa 0,5 μg/ml) bzw. durch in situ-Fluoreszenzspektralanalyse (Erfassungsgrenze 0,005 μg Benzo(a)pyren/Fleck). Die Fluoreszenz-Anregungs- und Emissionsspektren, direkt von der acetylierten Celluloseplatte aufgenommen (Abb. 3), gestatten neben einer sicheren Identifizierung auch eine Bestimmung anderer PAK, die in situ-Fluoreszenzortskurven unter verschiedenen Aufnahmebedingungen sogar eine simultane Bestimmung (Abb. 4). Die Recovery-Werte für

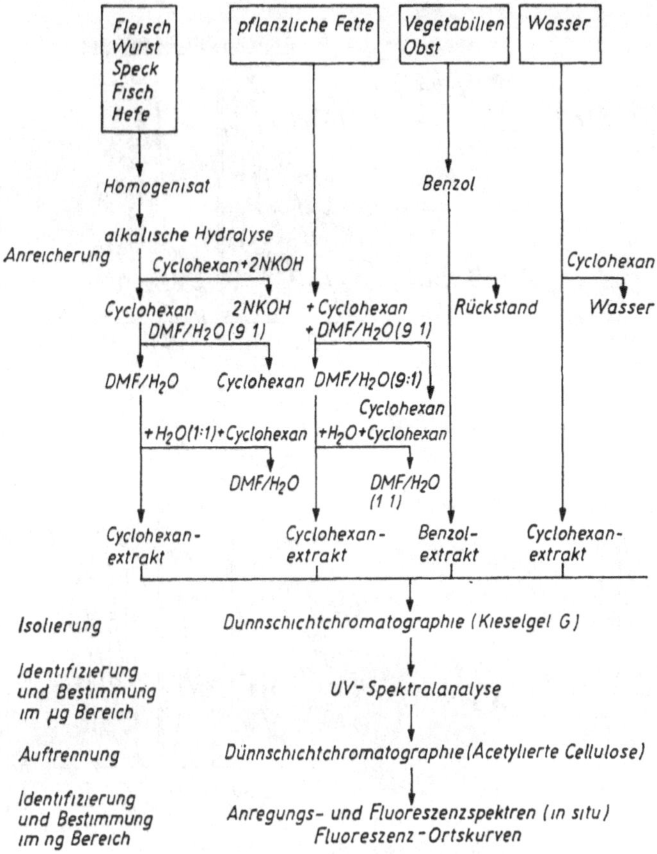

Abb. 2 **Analysengang für verschiedene Lebensmittel**

Benzo(a)pren liegen in Abhängigkeit vom Probematerial zwischen 75 und 99,6% bei einem Variationskoeffizienten zwischen 10,3 und 22,1%. Die für BaP festgestellte Größenordnung des Recovery gelten im Prinzip auch für die anderen PAK. In Abbildung 5 sind die Ergebnisse einer Ringanalyse mit Laboratorien verschiedener Länder im RGW-Bereich zusammengestellt, die eine gute Übereinstimmung aufweisen.

Zur Bildung der PAK in tierischen Lebensmitteln

Eine thermische endogene Bildung von PAK beim *Braten* oder *Frittieren* ist zu vernachlässigen (Abb. 6).

Dagegen können Lebensmittel bei direkter Rauchgaseinwirkung in erheblichem Umfang kontaminiert werden (Abb. 7).

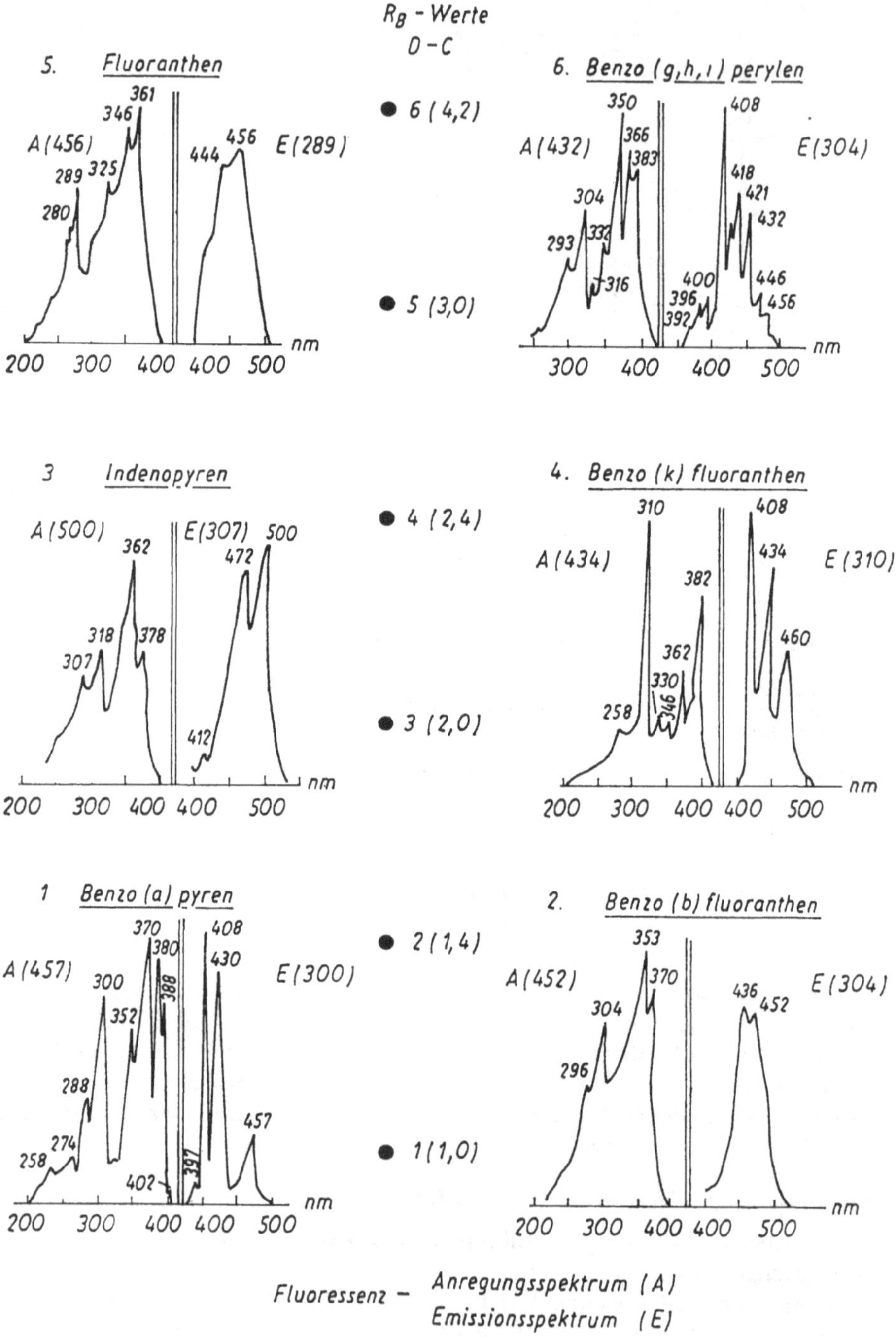

Abb. 3 Identifizierung von Polyaromaten (PAK) durch Aufnahme von Fluoreszenz-Anregungs- und Emissionsspektren in situ von der acetylierten DC-Platte

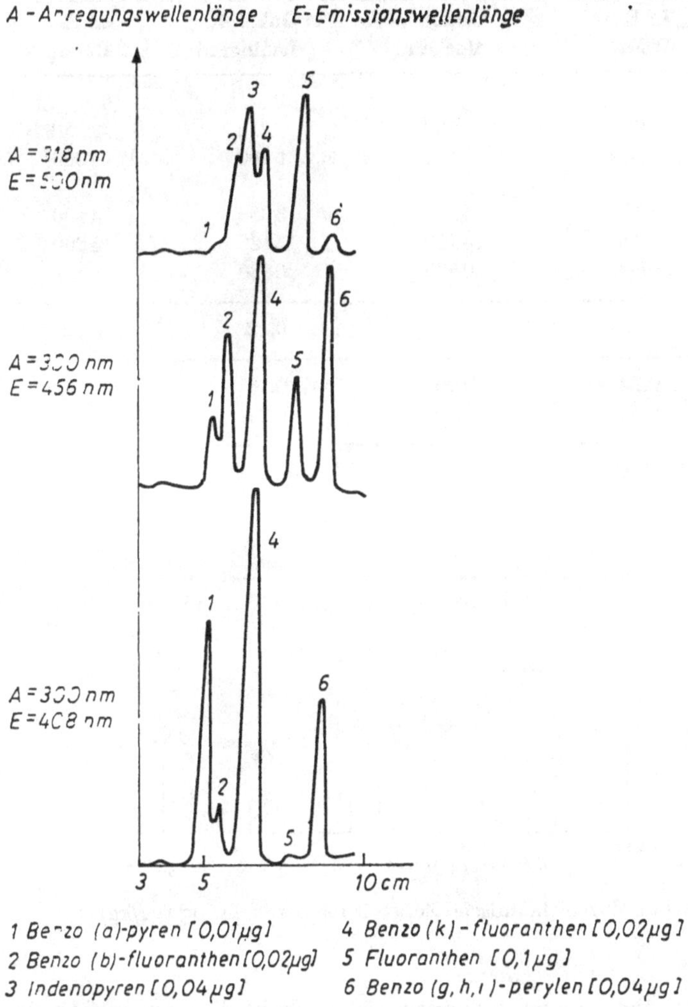

Abb. 4 **Fluoreszenzkurven von PAK**

Räuchern

Die BaP-Gehalte industriell geräucherter Fleischwaren sind in Abb. 8 zusammengestellt.

Geräucherte Wurst- und Fleischwaren – industriell in der DDR geräuchert – enthalten nach vorliegenden Untersuchungen Benzo(a)pyrenmengen von 0,05–1,62 µg/kg neben anderen Polyaromaten, im Durchschnitt 0,43 µg BaP/kg. Der höchste Wert mit 1,62 µg Benzo(a)pyren/kg wurde in einer

Probe	I.f.E DDR	Onkol. W.Z. Moskau	Onkol. I. Leningrad	I.f.E Budapest
Erde				
I	200	190	210	150
II	5160	5100 3910	6180	4300
III	4600	4535	3600	4400
IV	14800	14100	15120	15800
V	50800	50500	55880	-
Wurst	0,13	-	0,12	0,12
Kartoffeln	0,24	0,17	0,18	-
Erbsen	0,33	0,28	0,27	-

Abb. 5 Ringanalyse BaP in µg/kg

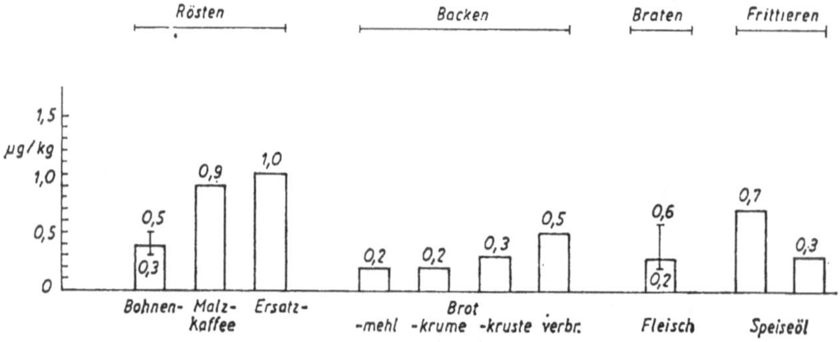

Abb. 6 Erhöhung des BaP durch thermische Zubereitung der Nahrung (µg/kg)

Bauerncervelatwurst ohne Darm gefunden (20 °C, 96 h). Die vergleichsweise unter gleichen Bedingungen geräucherte Bauerncervelatwurst im Kunstdarm (Orwo) enthält 0,12 µg BaP/kg.

Über 90% werden also in diesem Fall durch den Kunstdarm zurückgehalten. Vergleichsweise niedrige BaP-Gehalte zwischen 0,05 und 0,22 µg/kg enthalten auch die anderen kaltgeräucherten Würste im Kunstdarm.

Auch bei den heißgeräucherten Würsten hält der Kunstdarm erhebliche Anteile des Benzo(a)pyren zurück. Die Bockwurst im Schweinedarm, die mit dem Darm verzehrt wird, enthält mehr Benzo(a)pyren als die vergleichbare Wurst im Schäldarm.

In Handwerksbetrieben geräucherte Fleischwaren (Abb. 9) enthalten nach

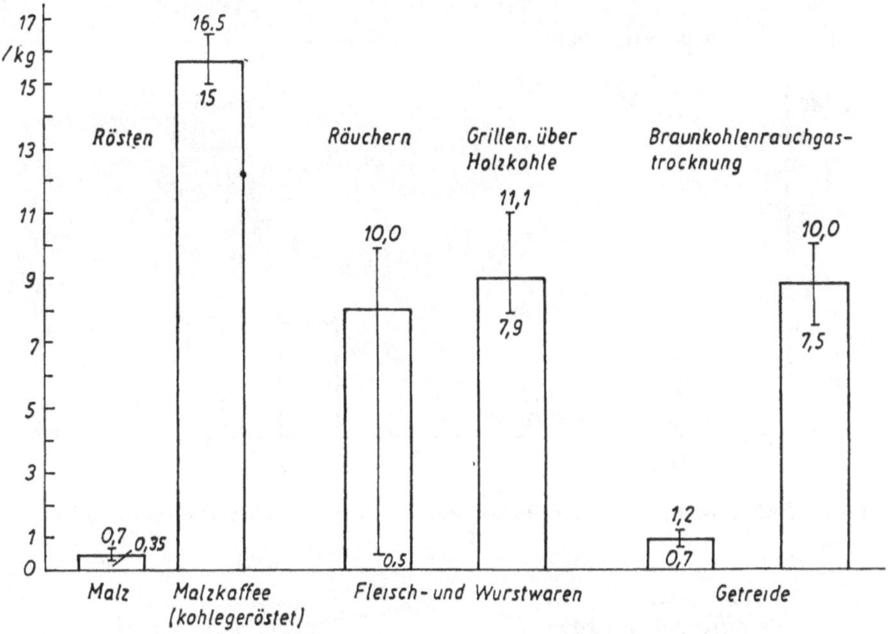

Abb. 7 Erhöhung des BaP durch exogene Einwirkung von Rauchgasen (in µg/kg)

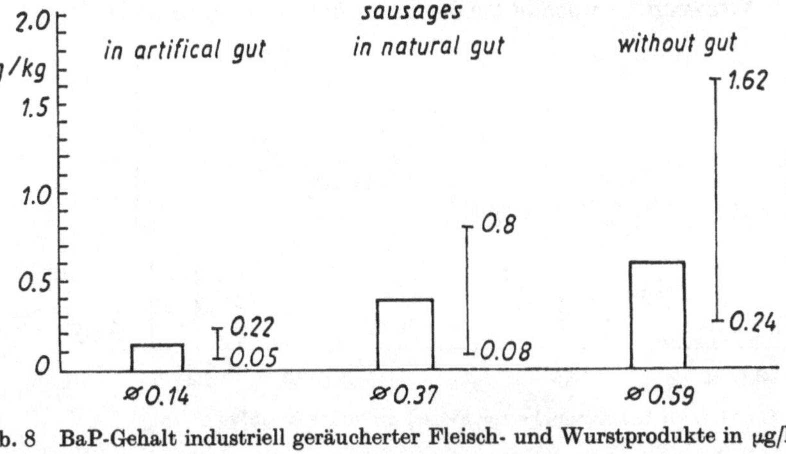

Abb. 8 BaP-Gehalt industriell geräucherter Fleisch- und Wurstprodukte in µg/kg

den vorliegenden Untersuchungen durchschnittlich 0,76 µg BaP/kg (0,05–4,5 µg/kg).

Wesentlichen Einfluß auf die Höhe des BaP-Gehaltes besitzt auch der Räucherrauch (Abb. 10). Hartholzgeräucherte Produkte enthalten durch-

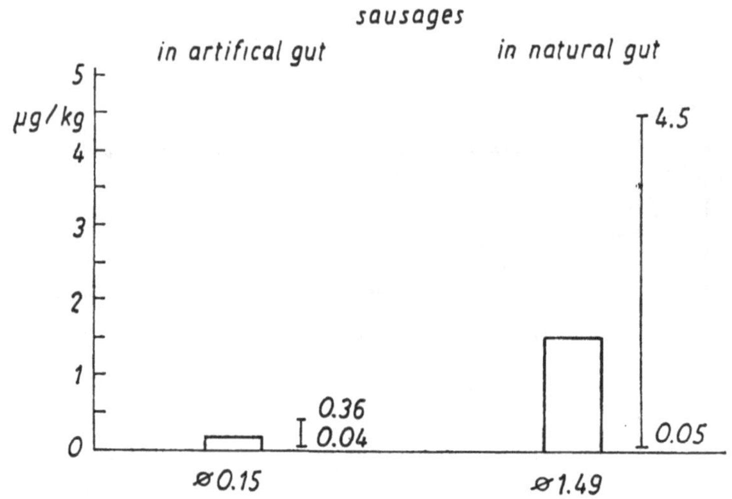

Abb. 9 BaP-Gehalt geräucherter Fleischwaren aus Handwerksbetrieben in μg/kg

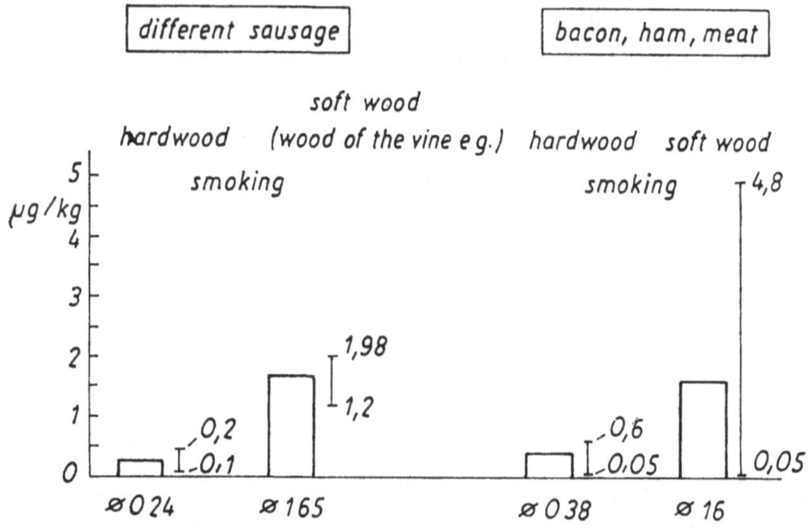

Abb. 10 BaP-Gehalt hausgeräucherter Fleischprodukte in μg/kg

schnittlich 0,36 μg BaP/kg (0,05–1,98 μg/kg), während Fleischwaren, die mit Rauch anderer Holzarten, wie z. B. Reben-, Obst- oder Nadelholz geräuchert wurden, mit durchschnittlich 1,3 μg BaP/kg (0,05–4,8 μg/kg) bedeutend höhere Rückstände enthalten. Es ist deshalb nachdrücklich zu fordern, daß Hartholz, wie z. B. Buche, zur Räucherung von Lebensmitteln verwendet wird. Räucherflüssigkeiten, aus denen u.a. durch mehrmalige Verdünnung mit Wasser die kanzerogenen Kohlenwasserstoffe entfernt werden, enthalten, wenn überhaupt, dann nur Spuren an Polyaromaten. Nach Zumischen zu den Lebensmitteln liegt der Benzo(a)pyrengehalt unter der Nachweisgrenze.

Anders verhält es sich hingegen mit einem bei Fischkonserven eingesetzten Rauchöl, das durch Einleiten von Buchenholzrauch in raffiniertes Pflanzenöl hergestellt wird. Es enthielt insgesamt 750 µg/kg an Polyaromaten, davon etwa 70 µg/kg kanzerogene Kohlenwasserstoffe, der Benzo(a)pyren-Gehalt betrug 12 µg/kg.

Nach den vorliegenden Ergebnissen enthalten geräucherte Fischwaren etwa fünfmal mehr BaP im eßbaren Anteil als geräucherte Fleisch- und Wurstwaren. Die Lokalisierung erfolgt ähnlich wie beim Fleisch vor allem an der Oberfläche (Abb. 11).

Die technische Entwicklung der Rauchanlagen von den offenen Herdstellen der Bauernhäuser über die Kaminräucherung zu Kaltrauchkammern und weiter zu vollklimatisierten kombinierten Reife- und Rauchkammern mit indirekter Räucherung über einen Rauchgenerator geht einher mit einer erwünschten Reduzierung der Kontamination von Räucherprodukten mit krebserzeugenden Kohlenwasserstoffen. Dies wird besonders deutlich in Ländern, wo die Räucherung über offenen Herdstellen bzw. in Kaminen noch praktiziert wird. So wurden in Island, Japan oder bei der slowenischen Bevölkerung in Ungarn in den Räucherwaren stark erhöhte Gehalte an krebserzeugenden Kohlenwasserstoffen gefunden. Auffällig ist die erhöhte Magenkrebsrate bei diesen Bevölkerungsgruppen.

In den letzten 15–20 Jahren wurde der Räucherprozeß selbst, besonders die Rauchgewinnung, modifiziert, die zu einer Erniedrigung des BaP-Gehaltes führte.

Grillen über Holzkohle

Beim Grillen über Holzkohle wird durch direkte Einwirkung der Rauchgase das Grillgut exogen mit PAK kontaminiert. In Abbildung 12 wird die BaP-Bildung über Holzkohle, in Abbildung 13 über Holzkohle, Kiefernzapfen und Knüllpapier dargestellt.

Die Erklärung der Kontamination der über Holzkohle gegrillten Produkte, daß es durch Pyrolyse des abtropfenden Fettes wahrscheinlich bei den hohen Grilltemperaturen zur Bildung krebserzeugender Kohlenwasserstoffe kommt, die durch den Rauch dann das Grillgut kontaminieren, kann mit den experimentellen Ergebnissen erhärtet werden.

Aus der Holzkohle selbst, die ja nahezu aus reinem Kohlenstoff besteht, ist eine Kontamination des Grillgutes zu vernachlässigen, wenn das Abtropfen von Fett vermieden werden kann. Völlig anders liegen die Verhältnisse beim

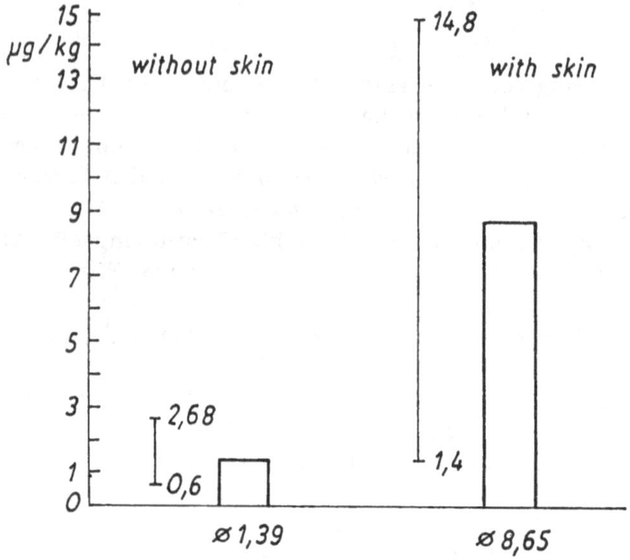

Abb. 11 BaP-Gehalt geräucherter Fischproben in µg/kg

Grillen über Kiefernzapfen bzw. Knüllpapier. Jedes über solchen Materialien gegrillte Produkt zeigt wesentlich höhere Werte an kanzerogenen Kohlenwasserstoffen als über Holzkohle. Hier entstehen offensichtlich bei unvollständiger Verbrennung der Brennmaterialien durch Pyrolyse bzw. Pyrosynthese kanzerogene Kohlenwasserstoffe. Während sich in den über Holzkohle gegrillten Produkten Perylen, Benzo(b)fluoranthen und Anthanthren dem Nachweis entziehen, können sowohl über Kiefernzapfen als auch über Knüllpapier diese Verbindungen z. T. in hohen Konzentrationen nachgewiesen werden [5].

Beim Grillen über Holzkohle kann eine Kontamination des Grillgutes mit kanzerogenen Kohlenwasserstoffen weitgehend vermieden werden, wenn ein Abtropfen des Fettes ausgeschlossen wird, z. B. bei Verwendung mageren Fleisches. Besonders effektiv ist die Anordnung der glühenden Holzkohle nicht – wie üblich – unter, sondern nach [22] zu beiden Seiten des Grillgutes.

Nach den vorliegenden Untersuchungen ist zum Grillen ausschließlich Holzkohle zu verwenden, hingegen nicht andere Brennmaterialien wie Kiefernzapfen, Knüllpapier u. ä. Beim Elektro- bzw. Gasgrillen ist eine Kontamination ausgeschlossen [6]!

Zum Übergang aus Futtermitteln in tierische Lebensmittel

Nach unseren Untersuchungen werden Vegetabilien und Futtermittel aus Industriegebieten in Abhängigkeit von der Entfernung von Emittenten über

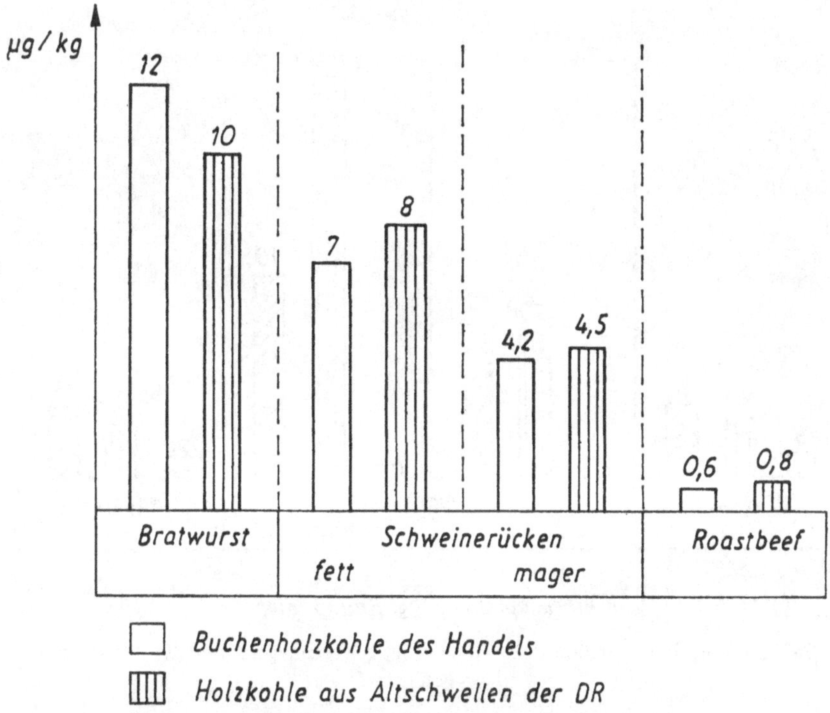

Abb. 12 BaP-Bildung beim Grillen über Holzkohle

die Luft, aber auch über den Boden kontaminiert. Weiterhin können Futtermittel auch durch technologische Vorgänge wie Rauchgastrocknung o.ä. mit BaP verunreinigt werden. Für einige Kontaminanten ist wie für chlorierte Kohlenwasserstoffe [3] bekannt, daß nach Aufnahme kontaminierten Futters eine Anreicherung im tierischen Gewebe möglich ist. Es wurde deshalb untersucht, ob nach Aufnahme BaP-kontaminierten Futters ein Übergang in tierische Lebensmittel zu befürchten ist.

Zur Untersuchung kamen

- Kaninchen, die mit BaP-haltigem Futter gefüttert wurden. Die Kaninchen erhielten u.a. Möhren mit einem BaP-Gehalt von 120 µg BaP i.T. Die Gesamtaufnahme über die gesamte Mastperiode betrug etwa 50 mg BaP/Tier, sowie
- Schweine, die mit Futterhefe auf ED-Basis gefüttert wurden.

Unsere Untersuchungen ergaben, daß nach Aufnahme BaP-haltigen Futters Unterschiede im Muskelfleisch, Leber, Niere, Lunge und Gehirn im BaP-Gehalt gegenüber den Kontrollen nicht nachgewiesen werden konnten.

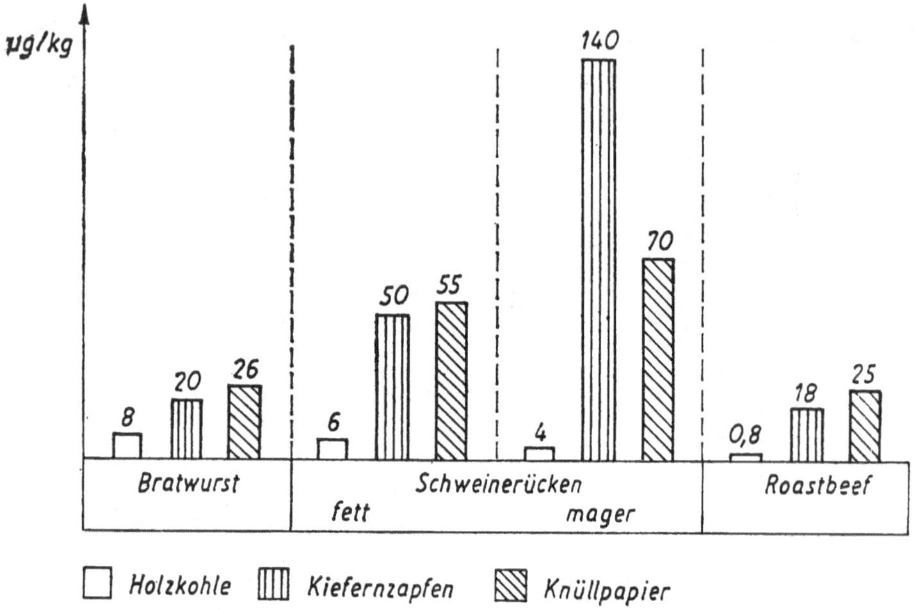

Abb. 13 BaP-Bildung beim Grillen über Holzkohle, Kiefernzapfen und Knüllpapier

Auch Gorelova u.a. [10] und Gorelova u. Cerepanova [9] finden nach Fütterungsversuchen bei Kaninchen, Hühnern, Enten, Schweinen und Kühen nach BaP-Verfütterung weder in den Organen noch in den tierischen Produkten wie Milch oder Eiern Unterschiede im BaP-Gehalt im Vergleich zu den Kontrollen. Sie finden zwischen 0 (unter 0,01 µg BaP/kg) und 0,26 µg/kg. Abgesehen davon zeigen Stoffwechselversuche, daß verfütterte kanzerogene Kohlenwasserstoffe im Organismus der Tiere abgebaut werden.

Lebensmittelhygienisch-toxikologische Schlußfolgerungen

BaP-haltige Futtermittel führen nicht zu einer Anreicherung des BaP oder anderer PAK in tierischen Lebensmitteln wie Fleisch, Milch oder Eiern. Die verfütterten PAK werden im tierischen Organismus weitgehend metabolisiert.

Die BaP-Gehalte in unbehandelten tierischen Lebensmitteln liegen im Vergleich mit Lebensmitteln pflanzlicher Herkunft niedriger. Daraus folgt, daß die BaP-Aufnahme wie aus Abbildung 14 und 15 ersichtlich, im wesentlichen über pflanzliche Lebensmittel sowie über technologisch speziell behandelte tierische Lebensmittel erfolgt.

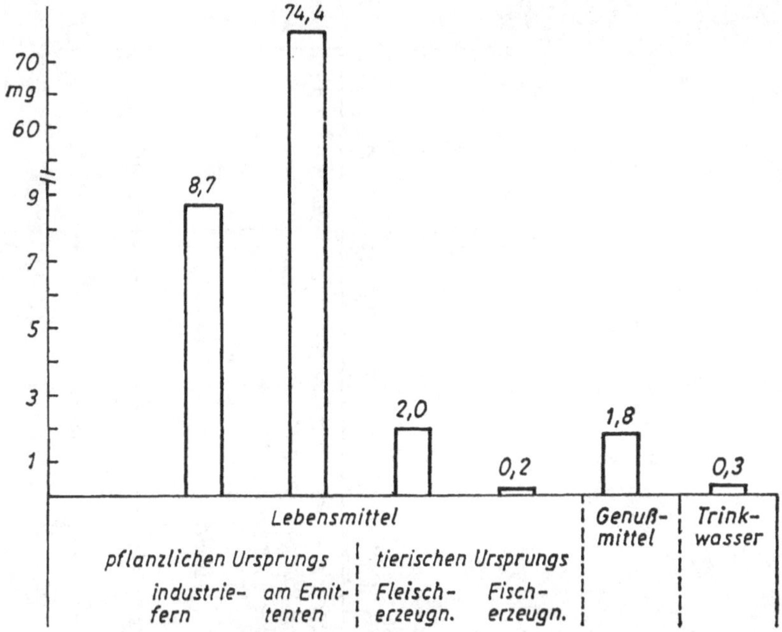

Abb. 14 Vergleich der geschätzten Menge des mit Lebensmitteln pflanzlichen und tierischen Ursprungs aufgenommenen Benzo(a)pyrens im Verlauf von 70 Jahren

Lebensmittelhygienisch-toxikologische Einschätzung der ständigen Aufnahme von PAK mit Nahrungsmitteln

Nach den vorliegenden Untersuchungen nimmt z.Z. jeder DDR-Bewohner jährlich zwischen 0,2 und 1,1 mg BaP mit den Lebensmitteln zu sich, das entspricht einer täglichen Aufnahme zwischen 0,5 und 3 µg BaP. Es erhebt sich die Frage, wie die ständige Aufnahme dieser Menge an BaP neben anderen PAK aus lebensmittelhygienisch-toxikologischer Sicht zu beurteilen ist und inwieweit sie toleriert werden kann.

Es ist international üblich, für Schadstoffe in Lebensmitteln kontrollierbare Toleranzwerte aufzustellen und deren Einhaltung zu kontrollieren. Die Toleranzwerte werden u.a. durch Extrapolation der Schadstoffwirkung im Tierexperiment auf den Menschen erhalten. Die Extrapolation vom Tierexperiment auf den Menschen – ohnehin problematisch und mit Unsicherheitsfaktoren belastet – ist für krebserzeugende Substanzen jedoch aus einer Reihe von Gründen noch wesentlich schwieriger als für akut toxische Schadstoffe.

Die Verringerung der Belastung senkt unter Berücksichtigung der synkanzerogenen Wirkung verschiedener Kanzerogene das Krebsrisiko im Sinne der Krebsprimärprophylaxe. Aus lebensmittelhygienisch- toxikologischer Sicht ist es erforderlich, kontrollierbare Grenzwerte festzulegen, um den Gesetzgeber

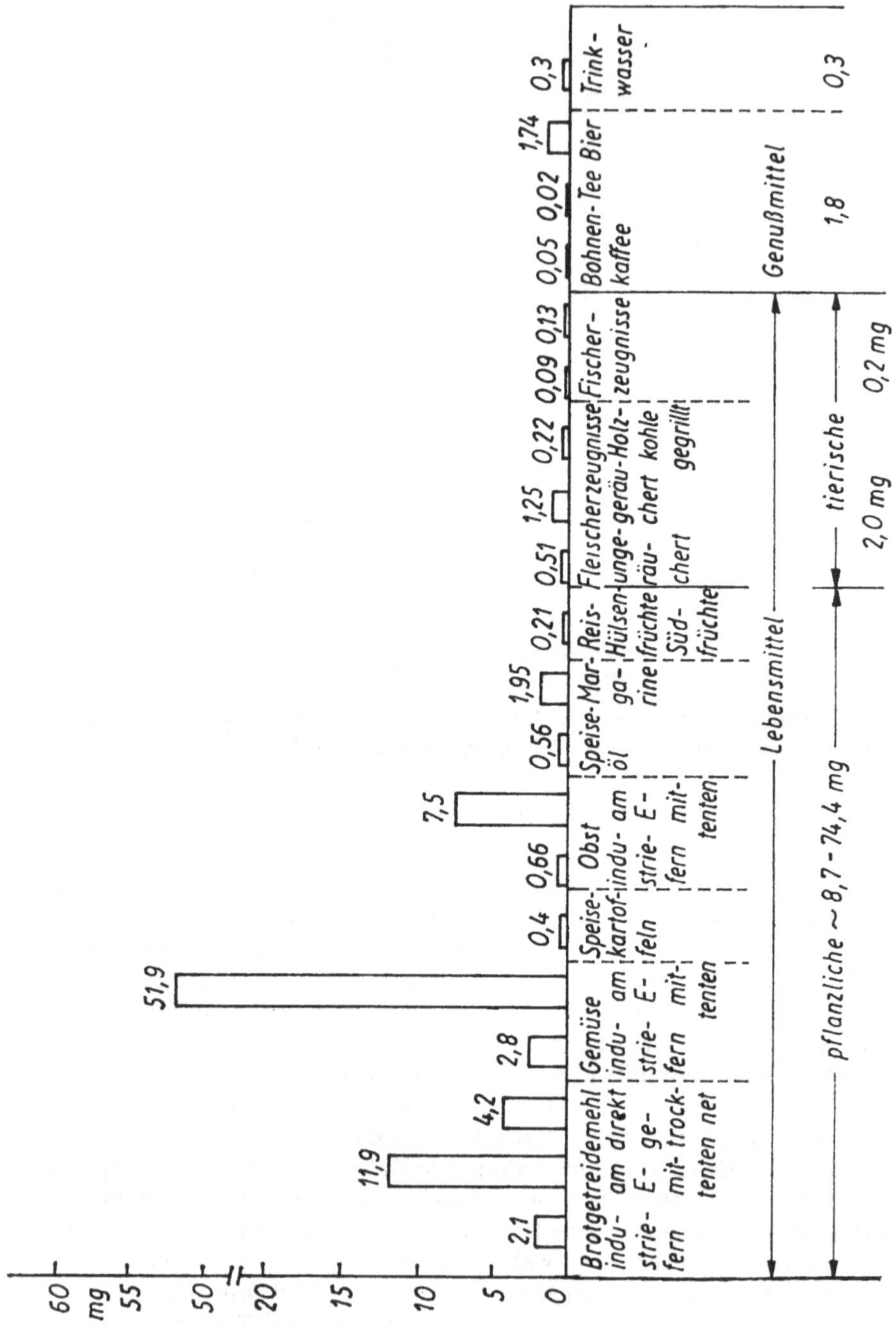

Abb. 15 Geschätzte Menge des mit Lebensmitteln aufgenommenen Benzo(a)pyrens pro Kopf im Verlauf von 70 Jahren (aufgeschlüsselt)

in die Lage zu versetzen, im Rahmen der technischen und ökonomischen Möglichkeiten eine optimale Reduzierung bzw. Ausschaltung der krebserzeugenden Noxen anzustreben [7]. Derartige Limitwerte in der Art technischer Richtkonzentrationen (TRK) haben – und das muß eindeutig gesagt werden – nichts mit einer physiologischen Unbedenklichkeit zu tun. Sie entsprechen dem viel diskutierten „socially acceptable levels of risk" [7].

Die Aufstellung eines TRK-Wertes von 1 µg BaP/kg Frischgewicht für Lebensmittel in der DDR ist auf Grund vorliegender Untersuchungen zu empfehlen.

Die in einer modernen Industriegesellschaft zwangsläufig erhöhte Kontamination der Lebensmittel mit PAK können durch Modifizierung von Technologien abgefangen werden. Dies ist um so notwendiger, als durch die Verlängerung des Durchschnittsalters auch die durchschnittliche Expositionszeit für kanzerogene Noxen verlängert wird.

Eine sozialistische Gesellschaft kann mit Hilfe der Vorteile ihrer Planwirtschaft durch Erkennen der Quellen und durch Ausschalten derselben eine Verringerung der krebserzeugenden Noxen anstreben, und zwar derart, daß nach SHABAD [17] die Latenzzeit verlängert und der Krebs nicht mehr „erlebt" wird.

Literatur

[1] ABBOT, V., C. DELORIN, T. GUETHER, E. JEFFERY, A. KOTAKE, D. NERLAND und G. MANNERING, Drug Metab. Dispos. **4**, 215 (1976).

[2] CLAR, E., Polycyclic Hydrocarbons, Academic Press London 1964, 139.

[3] ENGST, R. und R. KNOLL, Ernährungsforschung **18**, 1 (1973).

[4] ENGST, R. und W. FRITZ, Acta aliment. pol. **3**, 255 (1977).

[5] FRITZ, W., Dt. Lebensmittel-Rdsch. **69**, 119 (1973).

[6] FRITZ, W., Ernährungsforschung **20**, 86 (1975).

[7] FRITZ, W., R. ENGST, L. M. SHABAD, P. P. DIKUN und JA. KHESINA, Arch. Geschwulstforsch. **47**, 561 (1977).

[8] GELBOIN, H. V., T. OKUDA, J. SELKIRK, N. NEMOTO, S. K. YANG, F. J. WIEBEL, J. P. WHITHLOCK, H. J. RAPP und R. C. BAATJR, IARC Sci. Publ. **12**, 225 (1976).

[9] GORELOVA, N. D., und A. J. CEREPANOVA, Vopr. Onkol. **16**, 69 (1970).

[10] GORELOVA, N. D., P. P. DIKUN, A. P. DMITROCENKO, N. D. KRASNICKAJA, A. J. CEREPANOVA und J. A. SENDRIKOVA, Vopr. Pitan. **29**. 61 (1970).

[11] IARC Monogr. on the Evaluation of Carcinogenic Risk of the Chemical to Man, Vol. **3** Lyon 1973.

[12] IARC Sc. Publ. No. **16**, 29 (1977) GRIMMER, G.

[13] MILLER, J. A., und E. C. MILLER, Lab. Invest. **15**, 217 (1966).

[14] MOORE, P. D., M. KOREEDA, P. G. WISLOCKI, W. LEVIN, A. H. CONNEY, H. YAGI und D. M. JERINA, Drug Metabolism Concepts **44**, 127 (1977).

[15] PREUSSMANN, R., Zbl. Bakt. Hyg. I. Abt. Orig. B. **166**, 144 (1978).

[16] REES, E. D., Biochim. et biophys. Acta **225**, 96 (1971).

[17] SHABAD, L. M., Arch. Geschwulstforsch. **41**, 217 (1973).
[18] SIMS, P., IARC Sci. Publ. **12**, 211 (1976).
[19] TEICHMANN, B., und T. SCHRAMM, Substanzen mit kanzerogener Wirkung, AdW der DDR, ZIK Berlin-Buch 2. Aufl. 1975.
[20] TOTH, L. und R. HAMM, Abschlußbericht, Teil I und Teil II Forschungsvorhaben Ha 517/2 und 517/4, 1973.
[21] WEINSTEIN, I., A. H. JEFFREY, K. W. JENNETTE, S. H. BLOBSTEIN, R. G. HARVEY, G. HARRIS, H. DUTRUP, H. KASEI und K. MAKANIENI, Science (Washington) **193**, 592 (1976).
[22] WOOD, A. W., P. G. WISLOCKI, R. L. CHANG, W. LEWIN, A. Y. H. LU, H. JAGI, O. HERNANDEZ, P. M. WERDNA und A. H. CONNEY, Cancer, Res. **36**, 3358 (1976).

G. Schädlich, V. Riis und E. Faulhaber

Untersuchungen zum 3,4-Benzpyrengehalt und zur Gesamtmenge polyzyklischer Kohlenwasserstoffe in mikrobiellen Biomassen

Erhebungen der International Union against Cancer (UICC) haben gezeigt, daß über zwei Drittel aller Tumore durch Chemikalien ausgelöst werden. Umfassende Testversuche von Shubik und Hartwell Anfang der 50er Jahre [1] ergaben allein bei 500 definierten Substanzen 200 polyzyklische Aromaten, die bösartige Geschwülste auszulösen in der Lage sind. Nach Gräf ist heute die Zahl dieser definierten Substanzen nicht zuletzt durch die Entwicklung von Cancerogenitätstests auf über 600 angestiegen [2]. Wenn man bedenkt, daß die polyzyklischen Aromaten am häufigsten davon in der Umgebung von Menschen auftreten, so kann man die medizinische und sozialhygienische Bedeutung der Analytik dieser Verbindungen erkennen.

Entgegen den bisherigen Auffassungen, die davon ausgingen, daß die cancerogene Aktivität ableitbar aus der Struktur der Polyzyklen ist, zeigen neuere Untersuchungen, daß selbst Benzen [3] und Naphthalen [4] cancerogen wirken.

Wie sich gezeigt hat, dominieren in allen aus Einzellerprotein gewonnenen Aromatenextrakten eindeutig die nichtsubstituierten Polyzyklen gegenüber den substituierten. In der Regel können wir bei diesen Extrakten ein breites Spektrum von Polyzyklen finden. Prinzipiell unterscheiden wir drei mögliche Quellen:

1. fossile polyzyklische Aromaten (Bestandteil von Mineralölen und Kohle)
2. aus pyrolytischen Prozessen stammende Polyzyklen (unvollständige Verbrennung, Schwelung bzw. trockene Destillation von Kohle)
3. biogene Polyzyklen (Gräf: Natürlicher Pegel durch Synthese in Pflanzen [2]).

Allerdings ist die Existenz des durch Gräf und Diehl gefundenen natürlichen Pegels für Benzpyren und seinen Homologen in Pflanzen umstritten.

Die polyzyklischen Aromaten von Kohlenhydrathefen sind hauptsächlich auf die beiden ersten Quellen zurückzuführen und sind damit typisch umweltbedingt. Bei Erdölhefen dominieren dagegen eindeutig die fossilen Polyzyklen.

Mineralöle sowie die KW*-Fraktionen aus Produkten ihrer biologischen Konvertierung haben einen wesentlich geringeren Gehalt an Polyzyklen gegenüber KW-Fraktionen aus anderen kontaminierten Untersuchungsmaterialien

* Kohlenwasserstoff

(Luftstaub, Sedimente, Pyrolysate). Auch das Verhältnis der Polyzyklen zu den niederen (Mono-, Di-) Aromaten ist geringer. HELLMANN [5] zieht diese Relationen zur Unterscheidung mineralölbürtiger und umweltbedingter Extrakte bzw. KW-Fraktionen heran. Für den Analytiker bedeutet dieser weit geringere Anteil der Polyzyklen einen höheren Aufwand bei der Isolierung der polyzyklischen Aromaten.

Bereits Ende der 50er Jahre stellte E. GEISSLER [6] im Rahmen von Untersuchungen zum Mechanismus des photodynamischen Effektes auf die durch 3,4-Benzpyren ausgelöste Cancerogenese das ungehinderte Eindringen des 3,4-Benzpyrens in die Hefezelle fest mit nachfolgender Einlagerung in die Mitochondrien.

Andererseits ist die Zelle in der Lage, polyzyklische Aromaten über Hydroxyd- und Oxidstoffwechselprodukte abzubauen. Nach PETRIKEWITSCH [7] geht die Bilanz der polyzyklischen Aromaten beim Wachstum und der Vermehrung in Hefezellen nicht auf. Das auftretende Defizit zwischen den Gehalten des Ausgangs- und Endzustandes kann möglicherweise durch den biogenen Abbau erklärt werden.

Zur Methode der Benzpyrenbestimmung in Einzellerprotein

Erst Ende der 60er Jahre wurden Analysenmethoden zur Bestimmung des Gehaltes von polyzyklischen Aromaten in Einzellerprotein – insbesondere Hefen – mit dem Ziel der Qualitätsanalyse veröffentlicht. Nachdem anfangs unterschiedliche Analysenwege existierten, hat sich mittlerweile eine von GRIMMER für diesen Anwendungsfall vorgeschlagene Analysenmethode in der Praxis durchgesetzt. Die im Institut für technische Chemie erarbeitete Methode zur Bestimmung von 3,4 Benzpyren in Einzellerprotein unterscheidet sich sowohl in der Aufeinanderfolge wie in der Ausführung der einzelnen Stufen des Trennungsganges; es werden jedoch die gleichen bewährten Trennprinzipien angewandt (Abb. 1).

In Anlehnung an die von GRIMMER für Hefe vorgeschlagene Analysenmethode [8] gehen wir von dem Aufschluß der Trockenhefesubstanz durch Hydrolyse mit 2n methanolischer Kalilauge aus.

Der nächste Schritt des Analysenganges ist das klassische Anreicherungsverfahren der flüssig-flüssig-Extraktion mit Methanol/Wasser/Cyclohexan und Cyclohexan/Nitromethan. Das auf HOFFMANN zurückgehende Trennprinzip [9] wurde entsprechend den Gegebenheiten für mikrobielle Biomasse modifiziert (Äthanol anstelle von Methanol, veränderte Konzentrationsverhältnisse, häufigeres Ausschütteln).

Abb. 1 Trennungsgang zur Bestimmung von 3,4-Benzpyren (BP) und der Summe der polyzyklischen Aromaten (Σ PAK) in mikrobiellen Biomassen

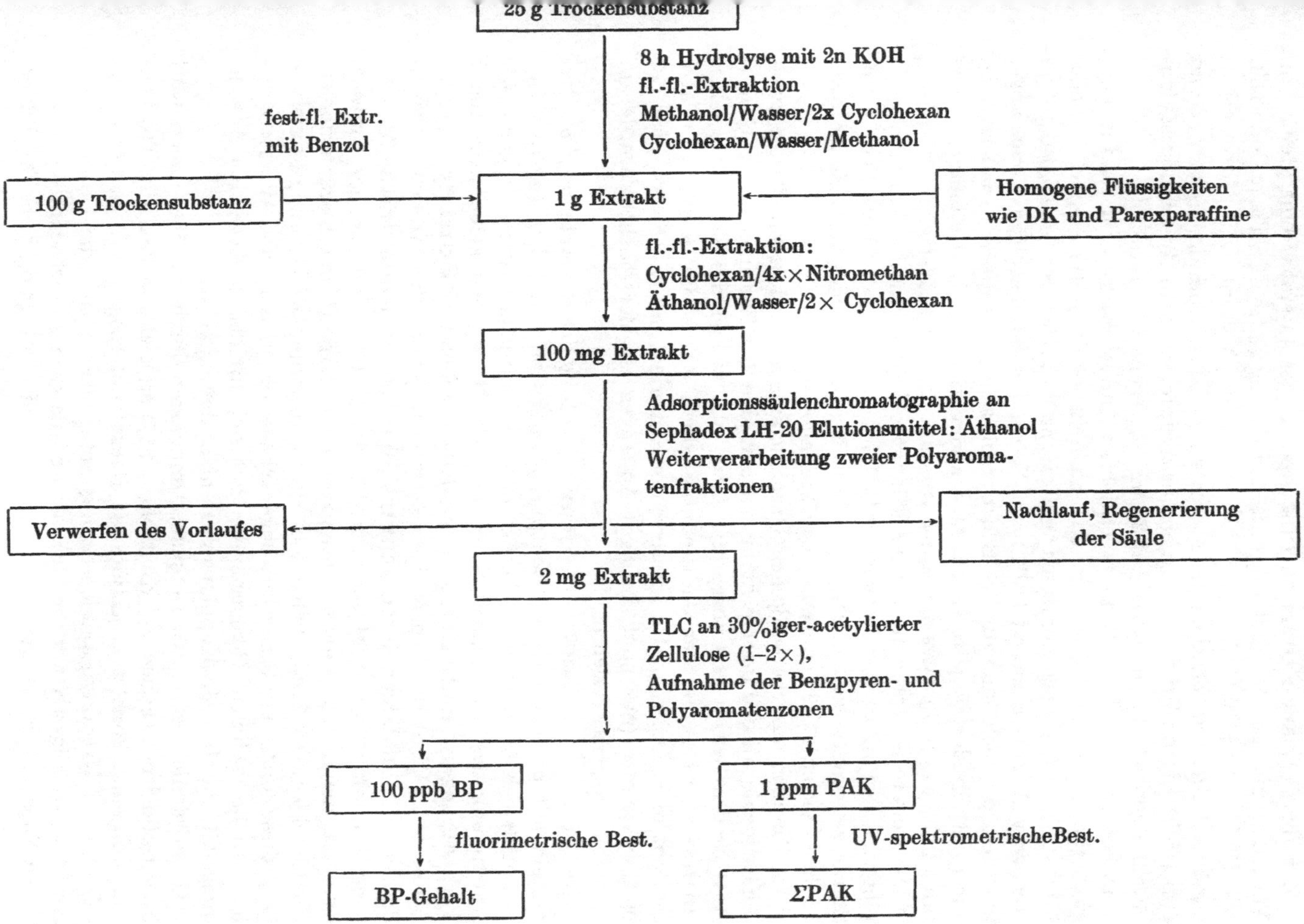
25 g Trockensubstanz
8 h Hydrolyse mit 2n KOH
fl.-fl.-Extraktion
Methanol/Wasser/2x Cyclohexan
Cyclohexan/Wasser/Methanol
fest-fl. Extr.
mit Benzol
100 g Trockensubstanz
1 g Extrakt
Homogene Flüssigkeiten
wie DK und Parexparaffine
fl.-fl.-Extraktion:
Cyclohexan/4x × Nitromethan
Äthanol/Wasser/2 × Cyclohexan
100 mg Extrakt
Adsorptionssäulenchromatographie an
Sephadex LH-20 Elutionsmittel: Äthanol
Weiterverarbeitung zweier Polyaroma-
tenfraktionen
Verwerfen des Vorlaufes
Nachlauf, Regenerierung
der Säule
2 mg Extrakt
TLC an 30%iger-acetylierter
Zellulose (1–2 ×),
Aufnahme der Benzpyren- und
Polyaromatenzonen
100 ppb BP
1 ppm PAK
fluorimetrische Best.
UV-spektrometrischeBest.
BP-Gehalt
ΣPAK

Zur flüssig-flüssig-Extraktion existieren in der Literatur eine Reihe von Varianten mit anderen dipolar-aprotischen Lösungsmitteln größerer Donorzahl wie DMF oder DMSO. Die von uns verwendete Variante mit Nitromethan garantiert eine Anreicherung der Aromaten mindestens um den Faktor 10 und ermöglicht die im dritten Analysenschritt durchgeführte Adsorptionssäulenchromatographie an Sephadex LH-20 bei oft regenerierbarer Säule.

Dieses moderne, durch Wilk beschriebene Anreicherungsverfahren für polyzyklische Aromaten [10] wird bei uns mit Äthanol als Elutionsmittel durchgeführt und zeichnet sich durch sehr gute Reproduzierbarkeit bei ebenso gutem Recovery-Wert (annähernd 100%) aus. Es werden definierte Fraktionen abgenommen, die nicht nur zur 3,4-Benzpyrenbestimmung dienen, sondern auch zur Kontrolle der Säule sowie zur Gewinnung eines zur Bestimmung des Gesamt-Polyzyklen-Gehaltes dienenden Auszugs (dazu s. später).

Die weitere Auftrennung der Fraktionen erfolgt dünnschichtchromatographisch, wobei mit 30%ig-acetylierter Zellulose beschichtete Platten von 1 mm Stärke verwendet werden. Für die auf das Benzpyren zugeschnittene Methode reicht in vielen Fällen eine einmalige Trennung aus.

Im Rahmen von methodischen Untersuchungen wurde ebenfalls die zweidimensionale Mischdünnschichtchromatographie bei fluorimetrischer in-situ-Analyse des Benzpyrens überprüft. Zwar gibt es hier die Einsparung eines Analysenschrittes bei der Auftrennung, doch waren die R_f-Werte relativ schlecht reproduzierbar. Im Interesse der Sicherheit der Ergebnisse sowie der Nachweisgrenze (nur punktförmiges Auftragen ist hier möglich) wurde auf eine Zeitersparnis verzichtet.

Da wir es trotz quantitativer Weiterverarbeitung der Extrakte bei Einzellerprotein mit extrem geringen Benzpyrenmengen zu tun haben (ng-Bereich), empfiehlt sich die fluorimetrische Auswertung. Tieftemperaturmessungen unter Anwendung des Schpolski-Effektes bei −196°C ergaben keine wesentliche Verbesserung der Auftrennung von Modellgemischen und Extrakten.

Auf dem Gebiet der Lebensmittelanalytik polyzyklischer Aromaten trat in den letzten fünf Jahren durch Grimmer [8] neben die fluorimetrische Auswertung, beeinflußt von Analysenmethoden der Erdölchemie und des Umweltschutzes, die Hochleistungsgaschromatographie (HRLC) mit Flammenionisationsdetektor. Der damit verbundene Rationalisierungseffekt bewog Fretheim [11], diese kombinierte Bestimmungsvariante für Fleisch- und Wursterzeugnisse zu übernehmen. Demgegenüber hat sich für den vorliegenden Anwendungsfall eine GC—MS-Kopplung noch nicht durchgesetzt.

Grundsätzlich führen wir Doppelbestimmungen durch. Darüber hinaus wird in verschiedenen Fällen zu Kontroll- und Vergleichszwecken die Trockensubstanz einer Soxhletextraktion mit Benzol unterzogen. Wegen der unterschiedlichen Extraktzusammensetzung unterscheidet sich die Durchführung der flüssig-flüssig- Extraktion, der weitere Analysengang ist identisch.

Die Nachweisgrenze unserer Analysenmethode beträgt 0,1 ppb. Die Fehlertoleranz für Benzpyrengehalte über 1 ppb ist nicht größer als $\pm 10\%$. Der Recovery-Wert für Schwedter ED-Hefen liegt bei 85%, für sonstige Futterhefen bei 80%. Zum Vergleich unserer Analysenmethode mit den von der IUPAC für Nahrungs- und Futtermittel veröffentlichten Methoden von HOWARD/FAZIO und GRIMMER wurden diese Vorschriften unter Verwendung Schwedter ED-Hefe nachgearbeitet. Die Recovery-Werte betrugen bei der Analysenmethode von HOWARD und FAZIO 42% und bei der von GRIMMER vorgelegten 77%. Das Nacharbeiten der aufwendigen Analysenmethoden anhand der in den Vorschriften gegebenen Informationen läßt jedoch keine sichere Aussage zu. Bei entsprechender Einarbeitung können diese Recovery-Werte durchaus höher liegen.

Zur Bestimmung der Summe der polyzyklischen Aromaten in Einzellerprotein

Der Trennungsgang der Routinemethode zur Bestimmung der Summe der polyzyklischen Aromaten (ΣPAK) entspricht bis einschließlich der Säulenchromatographie dem der Analysenmethode zur Bestimmung des 3,4-Benzpyrengehaltes (Abb. 1). Aus zwei Fraktionen der Säulenchromatographie wird durch präparative Dünnschichtchromatographie auf acetylierter Zellulose ein alle tetra- und höherzyklischen Polyaromaten enthaltender Extrakt gewonnen. Zu diesem Zweck werden mit Hilfe qualitativer Standards alle polyzyklischen Aromaten mit R_f-Werten $\leq R_f$-Fluoranthen abgenommen.

Die Summe der polyzyklischen Aromaten wird durch UV-spektroskopische Auswertung der integralen Extinktion zwischen 315 und 415 nm erhalten, wobei gegen ein repräsentatives Modellgemisch der Zusammensetzung

2 mg/l Pyren
2 mg/l Fluoranthen
1,33 mg/l Chrysen
0,66 mg/l 1,2-Benzanthracen
0,30 mg/l 1,12-Benzperylen

= 6,3 mg/l

geeicht wird. Ein Kriterium für die Eignung dieser Eichlösung ist der ähnliche Spektrenverlauf der isolierten Polyzyklen im genannten Spektralbereich. Die Analyse erlaubt sichere Konzentrationsbestimmungen bis zu 50 μg/l Polyzyklen, was einem Gehalt von 10 ppb im Einsatzprodukt entspricht.

Zu Literaturergebnissen

Nachdem in den 60er Jahren ein großer Teil der gebräuchlichsten Nahrungs- und Futtermittel – besonders durch umfassende Arbeiten von GRIMMER [12], HOWARD/FAZIO [13], TILGER/DAUN [14] und FRITZ [15, 16] – auf ihren Gehalt an cancerogenen Polyzyklen untersucht wurden, erreichten diese Übersichtsarbeiten einen gewissen Abschluß Anfang der 70er Jahre durch POTTHASTS Veröffentlichung von Ergebnissen zu Fleischerzeugnissen [17]. Mehr und mehr wurden bestimmte Fragestellungen zur Absicherung von Forschungs- und Entwicklungsthemen Gegenstand der Arbeiten mit z.T. direkter technologischer und ökonomischer Bedeutung. Durch die forcierte Entwicklung von Verfahren der Eiweißproduktion in den vorliegenden 10–15 Jahren wurden Hefen zum Gegenstand einer Qualitätsanalyse auf cancerogene Polyaromaten.

Zunächst befaßte man sich mit Bäckerhefen (GRIMMER [18], ARCHIBALD [19]) und auf Kohlenhydraten, Sulfitabalauge, Melasse, Lactose gewachsenen Gärungs- und Futterhefen [18]. Mittlerweile liegen auch Werte von Hefen vor, die auf n-Alkanen und Erdöldestillat gewachsen sind. (GRIMMER [20], MATSUSHITA [21], HOSHAI [22], MCGINNIS [23]). Während die Benzpyrengehalte von Bäckerhefen (bis über 40 ppb) selbst mit den hohen Gehalten von Freilandgemüse aus industriellen Ballungsgebieten vergleichbar sind, wurden in anderen Kohlenhydrathefen lediglich Werte um 1 ppb gefunden.

Eine Beurteilung der um ebenfalls 1 ppb liegenden Literaturwerte von n-Alkan- und ED-Hefen ist schwierig, da ein von der Qualität her unbekanntes Substrat und eine ebenso unbekannte Aufarbeitung den Benzpyrengehalt bestimmen. Eine Zusammenstellung von Literaturwerten enthält Tabelle 1.

Ergebnisse aus unseren Untersuchungen

In den zurückliegenden Jahren führten wir 3,4-Benzpyrenbestimmungen nach der dargestellten Analysenmethode an einer breiten Palette mikrobiologischer Produkte durch:

- Kohlenhydrathefen (Melasse, Sulfitablauge, Rohrzucker),
- Kohlenwasserstoffhefen (n-Paraffine, Erdöldestillat),
- Bakterienbiomassen auf der Basis von Methanol und Erdgas,
- Nahrungs- und Futtermittel

Tabelle 2 gibt einen Auszug dieser Ergebnisse wieder.

Da nur wenige Konkurrenzmuster zur Verfügung standen, lassen sich auch nur begrenzt internationale Vergleiche ziehen, zumal Informationen über die Vorbehandlung der Muster fehlen. Die in der DDR auf der Basis von Kohlenhydraten erzeugten Futterhefen ordnen sich gut in den internationalen Durchschnitt ein.

Die IUPAC sowie die medizinisch-biologische Sektion der DDR empfehlen als Qualitätsforderung für Einzellerprotein einen 3,4-Benzpyren-Grenzwert von 5 ppb [24]. Die ED-Hefen besitzen nicht nur einen niedrigeren Benzpyrengehalt als Kohlenhydrathefen (0,5–1,5 ppb gegenüber etwa 3,0 ppb), sondern sind diesen auch bezüglich Qualitätsstabilität überlegen. Ebenfalls günstig

Tabelle 1 Literaturergebnisse zum Gehalt von 3,4-Benzpyren in mikrobiellen Biomassen

	(ppb)	
Bäckerhefe, ∅ 5[1]	8,8	[18]
Bäckerhefe, Schottland	40,4	[18]
Diäthefe, BRD	0,5	[18]
Diäthefe, Frankreich	0,5	[18]
Hefe, auf Lactoserum gew.	1,3	[18]
Bäckerhefe, Schottland, ∅ 2	9,5	[19]
Hefe, auf Dextrose gew., 3 Proben	nicht nachweisbar	[23]
Hefe, auf Mineralöl gew., Frankreich	2,6	[18]
Hefe, auf Mineralöl gew., Frankreich	0,6	[18]
n-Paraffin-Hefe ,Japan	0,5	[22]
n-Paraffin-Hefe, USA, ∅ 4	2,3 (0–5,9)	[23]
n-Paraffin-Hefe, Japan	1,0	[25]
Zum Vergleich:		
Sulfitablauge, Belgien	0,4	[18]
Melasse, Frankreich	0,55	[18]
Grünkohl, Freiland, Ballungsgebiet, ∅ 4	18,3	[12]
Sonnenblumenöl, unraffiniert	1,5	[8]
Rapsöl	0,9	[15/S/810]
Getreide, ohne Industrienähe, ∅ 4	0,3	[26]
Getreide, Industrienähe, ∅ 11	2,0	[26]
Getreide, ∅ 5	1,1	[26]
Mehl, zu voranstehendem Getreide, ∅ 5	1,3	[26]
Brot, zu voranstehendem Mehl, ∅ 5	1,3	[26]
Fischmehl	5,0	[25]
Bockwürste	1,1	[27]
Ruße, technisch, ∅ 49	5300	[28]
Schmieröl, frisch	20	[28]
Schmieröl, gebraucht	18630	[29]
Dieselkraftstoff	20	[30]

[1] Durchschnitt von 5 verschiedenen Untersuchungsproben

fällt ein Vergleich mit anderen proteinreichen Futtermittelzusätzen, wie Soja und Fischmehl, aus (vgl. Tab. 2).

Weitere Untersuchungen hatten das Ziel, die Kontamination des Fermentationsmediums mit Polyzyklen aufzuklären (Untersuchung von Substraten und Nährlösungen), das Eindringen dieser in die Zelle über Modelluntersuchungen nachzuweisen und deren Beseitigung in Abhängigkeit vom Aufarbeitungsprozeß zu zeigen (Untersuchung von Zwischenprodukten). Diese Untersu-

Tabelle 2 Im Institut für technische Chemie gewonnene Ergebnisse zum Gehalt von 3,4-Benzpyren und der Summe der polyzyklischen Aromaten (Σ PAK) in mikrobiellen Biomassen (Trockensubstanzen)

Mikrobielle Biomassen	3,4-Benzpyren (ppb)	Σ PAK (ppb)
Hefe auf Sulfitablauge, Rosenthal 77[1]	4,00	50
Hefe auf Sulfitablauge, Pirna 75	0,75	20
Hefe auf Sulfitablauge, Wolfen 75	4,75	
Hefe auf Melasse, Dessau 75	3,50	88
Hefe, Mischhefe, Dessau 75	4,60	
Hefe auf Melasse, Schönebeck 77	4,25	
Hefe auf Rohrzucker, Malchin 75	0,95	15
Gülle/Glukose-Mischkultur, Inst. f. techn. Chemie, Leipzig	11,4	
n-Paraffin-Hefe, Toprina, Frankreich	0,40	15
Erdöldestillat-Hefe, Schwedt 76	0,90	66
Erdöldestillat-Hefe, Schwedt 77	0,65	
Erdöldestillat-Hefe, Schwedt 78	1,30	73
Bakterien auf Methan, Inst. f. techn. Chemie, Leipzig	0,75	52
Methanolbakterien, Malchin 78	1,25	180
Zum Vergleich:		
Erdöldestillat-Hefe, unex., Schwedt 76	6,95	
Erdöldestillat, Einsatzprodukt, Schwedt 76	26,00	570
Fichten-Sulfitablauge, Rosenthal 77	0,70	33
Verhefte Würze, Rosenthal 77	0,30	17
Melassewürze, Schönebeck 77	0,15	35
Verhefte Würze, Schönebeck 77	0,10	29
Sojaextraktionsschrott	1,45	
Fischmehl, Rostock 78	1,85	
Fischmehl, Norwegen 77	2,80	
Krill, Rostock 78	0,80	
Schweinefutter, Standard ~	1,70	159
IUPAC-Grenzwert für Einzellerprotein	5,00	
Grenzwert der med.-biol. Sektion der DDR	5,00	

chungen führten zu der Erkenntnis, daß polyzyklische Aromaten je nach der Konzentration im Substrat während des Fermentationsprozesses ohne Hinderung in die Zelle gelangen. Sie zeigten weiterhin, daß der Gehalt an polyzyklischen Aromaten in Kohlenhydrathefen sowie in Erdgas- und Methanolbakterien weitgehend von der Nährlösung abhängt.

Im Falle von auf n-Paraffinen und Erdöldestillat gewachsenen Hefen wird der Gehalt der Summe polyzyklischer Aromaten und des 3,4-Benzpyrens vor allem durch das Substrat bestimmt. Durch die Aufarbeitungstechnologie – vor allem durch die Extraktion mit organischen Lösungsmitteln – wird der 3,4-Benzpyrengehalt mit Sicherheit unter die geforderte Grenzkonzentration <5 ppb herabgesetzt.

Literatur

[1] Shubik, P., J. L. Hartwell, Survey of compounds which have been tested for carcinogenic activity 2nd ed. Publ. Health Service Publ. No. 149, Suppl. 1, (Washington D.C., 1957).

[2] Gräf, W., öff. Gesundh.-Wesen **33** (1971) 121.

[3] Vigliani, E. C., A. Forni, Environmental Res., **11** (1976) 122.

[4] Wolf, O., Z. ges. Hyg. **24** (1978) 737.

[5] Hellmann, H., Z. Anal. Chem. **287** (1977) 148.

[6] Geissler, E., Untersuchungen zur Charakterisierung des Mechanismus des photodynamischen Effektes von 3,4-Benzpyren und ultravioletten Strahlen auf Hefezellen, Diss. Humboldt-Univ. Berlin 17. 7. 59.

[7] Petrikjewitsch, S. B., T. E. Danilzewa, Dokl. Akad. Nauk SSSR **159** (1964) No. 2, 436.

[8] Grimmer, G., A. H. Hildebrandt, H. Böhnke, Dtsch. Lebensm.-Rdsch. **71** (1975) 93.

[9] Hoffmann, D., E. L. Wynder, Anal. Chem. **32** (1960) 295.

[10] Wilk, M., J. Rochlitz, H. Bende, J. Chromatog. **24** (1966) 414.

[11] Fretheim, K., J. Agric. Food. Chem. **24** (1976) 976.

[12] Grimmer, G., Erdöl und Kohle **19** (1966) 578.

[13] Howard, J. W., T. Fazio, J. Agric. Food. Chem. **17** (1969) 527.

[14] Tilgner, D. J., H. Daun, Residue Reviews **27** (1969) 19.

[15] Fritz, W., Nahrung **12** (1968) 1.–4. Mitt. S/639, 799, 805, 809.

[16] Fritz, W., Ernährungsforschung **16** (1971) 547.

[17] Potthast, K., R. Hamm, in: Rückstände in Fleisch und Fleischerzeugnissen. Bericht über das Kolloquium von Bioziden und Umweltchemikalien in Fleisch am 22. 3. 1974, Harald Boldt Verlag, Boppard 1974, S/149.

[18] Grimmer, G., G. Wilhelm, Dtsch. Lebensmittel-Rdsch. **65** (1969) 229.

[19] Archibald, J., A. L. Cochrane, Analyst **100** (1975) 355.

[20] Grimmer, G., Dtsch. Lebensmittel-Rdsch. **70** (1974) 394.

[21] Matsushita, H., Y. Esumi, A. Suzuki, T. Honda, Japan Analyst **21** (1972) 1594.

[22] Hoshiai, K., Chem. Econ. Engng. Rev. **4** (1972) 7.

[23] McGinnis, E. L., M. N. Norris, J. Agr. Food Chem. **23** (1975) 221.

[24] IUPAC, Information Bulletin, Technical Reports-Number **12**, August 1974, Oxford S/10.

[25] „Kanepron“, Firmenschrift der Firma Kanegafuchi Chemical Industry Co., Ltd., 1971.

[26] Grimmer, G., A. Hildebrandt, Z. Krebsf. **67** (1965) 272.

[27] Filipovič, J., L. Toth, Fleischwirtschaft **51** (1971) 1323.

[28] Fischer, R., Z. Anal. Chem. **249** (1970) 110.

[29] Kaschani, D. T., Erdöl und Kohle, Compendium 1975/1976, S/606.

[30] Fritz, W., Bericht des Inst. für Ernährung, Potsdam-Rehbrücke, PR I/30 – 194/71.

A. D. Gololobow

Wege des Metabolismus der Kohlenwasserstoffe im Organismus der Tiere

Die Kohlenwasserstoffe sind in der lebenden Materie der Biosphäre weit verbreitet. Obwohl ihr Gehalt relativ gesehen nicht hoch ist, spielen sie doch eine gewisse physiologische Rolle bei der Lebenstätigkeit der Tiere, Pflanzen und Mikroorganismen.

Als wir den biochemischen Mechanismus der Kohlenwasserstoffaufnahme durch höhere Lebewesen behandelten, gingen wir von der Situation aus, daß die Kohlenwasserstoffe ständige Komponenten der Futterrationen sind. Sie gehen in die natürliche Nahrungskette ein und wirken wie ein beliebiger anderer Alimentärfaktor auf den Organismus.

Die wichtigste wissenschaftliche und praktische Frage, die zu lösen ist, besteht darin, daß eine qualitative und quantitative Unterscheidung der Kohlenwasserstoffe des natürlichen Futters und der Kohlenwasserstoffe der Hefebiomasse vorgenommen wird. Die vorhandenen experimentellen Daten zeigen, daß in der Hefebiomasse, die auf Erdölparaffinen gezüchtet wurde, wesentlich mehr Kohlenwasserstoffe enthalten sind als in Pflanzenfutter.

Da die Hefebiomasse kein selbständiges Futtermittel ist, sondern als geringer Zusatz zur Hauptration der Nutztiere dient, wird in diesem Falle die Konzentration der Kohlenwasserstoffe wesentlich verdünnt und gemittelt.

Wege für die Aufnahme der Kohlenwasserstoffe in den Organismus der Tiere

Der Gehalt an Kohlenwasserstoffen in der Futterration beträgt im Mittel einige Hundertstel eines Prozentes, das heißt auf ein Molekül Kohlenwasserstoff kommen bis 100 Tausend andere organische Moleküle. In den Pflanzen sind die Kohlenwasserstoffe fest an den Zellolignınkomplex gebunden, bei den Hefen befinden sie sich in den intrazellulären Membranen. Im Prozeß der Verdauung müssen die Kohlenwasserstoffe von den begleitenden Komponenten befreit werden. Nur in freier Form können sie in den tierischen Organismus gelangen.

Verfolgen wir das Schicksal der Kohlenwasserstoffe in den Hauptetappen der Verdauung. In der ersten Etappe erfolgt bei der Zubereitung der Ration zur Fütterung und beim Kauprozeß nur eine oberflächliche mechanische Zerstörung der groben Futterkomponenten. In der Mundhöhle wird die Nahrungsmasse in Speichel eingeweicht, dessen Fermente nur teilweise die lösliche Stärke hydrolisieren. In dieser Verdauungsetappe gibt es keinerlei spezifische Prozesse, die die Isolierung von Kohlenwasserstoffen in freier Form gewährleisten würden. Hier gibt es keinerlei biochemische Reaktionen, die die Kohlenwasserstoffe in andere Verbindungen transformieren.

Die nächste Etappe ist die Verdauung im Magen. Wir betrachten die Verdauungsprozesse bei Tieren mit Einkammermagen. In der Hauptsache sind die Eiweißhefezusätze für diese Tiere bestimmt. Die Nahrungsmasse gelangt aus der Mundhöhle in das sauere Medium des Magens. Sie wird reichlich mit Magensaft benetzt. Das führt zur teilweisen Hydrolyse der Stärke und des wasserlöslichen Eiweißes. Ein großer Teil des Zelloligninkomplexes und der Lipide bleibt im gebundenen Zustand. Im Stadium der Magenverdauung können Kohlenwasserstoffe im freien Zustand nicht entstehen. Es gibt auch keine Bedingungen für ihre Transformation und ihren Übergang in andere Verbindungen.

Im Dünndarm gehen die wichtigsten biochemischen Verdauungsprozesse vor sich. Die Biopolymere zerfallen zu Monomeren, die danach von den Darmwänden aufgesaugt werden. Im Ergebnis einer gründlichen Fermentolyse können aus den Hefezellen Kohlenwasserstoffe im freien Zustand entstehen. Die an die Zellwand gebundenen Kohlenwasserstoffe der Pflanzen lösen sich wesentlich schwieriger heraus. Aus der Theorie der Darmwandverdauung ist bekannt, daß schwerwasserlösliche Stoffe vergleichsweise schnell durch die hydrophoben Abschnitte des Darmepithels aufgesaugt werden. Die nicht aufgesaugten Kohlenwasserstoffe gelangen weiter in den Dickdarm. Unter der Einwirkung der Tätigkeit der Mikroorganismen werden die Zellwände der Pflanzen zerstört. Ein Teil der Kohlenwasserstoffe kann von der Dickdarmwand aufgesaugt werden, der übrige Teil wird aus dem Organismus mit den unverdaulichen Teilen des Futters entfernt.

Die im Ergebnis der Verdauung herausgelösten Kohlenwasserstoffe werden durch die Darmwand aufgesaugt und gelangen in das Blut oder in die Lymphe. Weiter gelangen sie über die Vene Porta in die Leber. Damit ist die erste physiologische Etappe der Metabolisierung der Kohlenwasserstoffe beendet.

Biochemischer Transformationsmechanismus der Kohlenwasserstoffe

Aus der chemischen Kinetik ist bekannt, daß die Kohlenwasserstoffe recht inaktive Stoffe sind. In lebenden Organismen geht die Metabolisierung der Kohlenwasserstoffe über die Oxydationsreaktion vor sich. Gegenwärtig haben wir eine hinreichend vollständige Vorstellung von der Oxydation zum Beispiel von Paraffin bei den Mikroorganismen und in der Leber von Tieren. Es erwies sich, daß die Hauptgesetzmäßigkeiten der biologischen Oxydation der Kohlenwasserstoffe universell sind, was gestattet, sie im weiten Bereich der verschiedenen Stoffwechseltypen zu extrapolieren.

Das Schema der Primärstadien der Oxydation von Kohlenwasserstoffen besteht aus folgenden Reaktionen: Paraffin–Alkohol–Aldehyd–Säure. Im ersten Stadium wird das Paraffin zu Alkohol oxydiert. In verschiedenen biochemischen Systemen wurde festgestellt, daß diese Reaktion durch den komplizierten Fermentkomplex der sogenannten „Oxydasen mit gemischten Funktionen" katalysiert wird. Zum System gehört Zytochrom P^{450}, NADH-Reduktase und flavinhaltiges Eiweiß. Der zur Paraffinoxydation benötigte molekulare Sauerstoff wird durch die Zytochrome aktiviert. Ein Sauerstoffatom wird für die Oxydation der Methylgruppe des Kohlenwasserstoffs, ein anderes zur Bildung von Wasser verwendet. Im Ergebnis dieser Reaktion bildet sich ein primärer Alkohol.

Im zweiten und dritten Stadium geht die weitere Oxydation des Alkohols in Aldehyd und weiter in Säure vor sich. Diese Reaktionen werden durch den Fermentkomplex – die Alkohol- und Aldehydhydrogenasen, die zusammen mit NAD und NADPh wirken, katalysiert. Die die höheren Alkohole oxydierenden Fermente haben eine induktive Natur. Sie werden jedesmal in der Zelle synthetisiert, wenn ein neues Ernährungssubstrat in der Adaptionsperiode erscheint.

Die sich bildende Monokarbonsäure hat die gleiche Anzahl Kohlenstoffatome wie das Ausgangsparaffin. Das Schicksal der Säure im Organismus kann unterschiedlich sein. Ein Teil davon gelangt zur weiteren Oxydation über die Azetylradikale und den Trikarbonsäurezyklus zum CO_2, ein anderer Teil kann zur Biosynthese verwendet werden.

Die wichtigsten kinetischen Gesetzmäßigkeiten der Primäroxydation der Kohlenwasserstoffe wurden an den aus der Leber höherer Tiere gewonnenen biochemischen Systemen untersucht. Die Oxydasefermente wurden in den Mikrosomen der Leber lokalisiert. Sie spielen eine wichtige Schutzfunktion, indem sie Gifte, Antibiotika, pharmazeutische Präparate, Polypeptide und andere Fremdverbindungen, die in den tierischen Organismus auf dem alimentären Weg gelangen, desaktivieren.

Die Fermente der Dehydrogenasesysteme können sich in verschiedenen Organen und Geweben befinden. Da sie aber nur gemeinsam mit den Oxydasen wirken, stört ihre räumliche Trennung in der Zelle, und um so mehr über verschiedene Organe, die einheitliche Oxydationskette.

Außer der Anwesenheit der entsprechenden Fermente, für die Kohlenwasserstoffoxydation eine äußerst aktive Atmungskette erforderlich ist, damit die Oxydationsreaktionen mit Sauerstoff versorgt werden. Alle aufgezählten spezifischen Bedingungen für den Ablauf der Primärreaktionen der Kohlenwasserstoffoxydation können nur in einigen spezialisierten Organen wie der Leber vorhanden sein. Experimente zeigen, daß das Zytochrom P^{450} am meisten eben in der Leber von Tieren gefunden wird.

Es ist interessant, das Schicksal der Kohlenwasserstoffe, die in die Leber gelangen, zu verfolgen. Ein Teil kann zur Säure oxydiert und weiter über den

Trikarbonsäurezyklus zur Bildung von Eiweißen, Kohlehydraten, Fetten oder CO_2 verwendet werden. Wenn dieser Weg bei den Mikroorganismen der Hauptweg zur Deckung des gesamten Bedarfs der Zelle an Energie und Biosynthese ist, so hat er bei den höheren Lebewesen eine zweitrangige Schutzfunktion.

Die gebildete Fettsäure kann unmittelbar zur Biosynthese der Lipide und Wachse genutzt werden. Letztere gelangen in alle Organe und Gewebe und werden dort deponiert oder nehmen am Stoffwechsel teil. Sobald sich jedoch das Paraffin in die entsprechende Säure umwandelt, verliert es vollständig seine ursprünglichen Eigenschaften. Die oben angeführten biochemischen Wege zur Metabolisierung der Kohlenwasserstoffe können die Erscheinung von Fettsäuren mit ungerader Kohlenstoffatomzahl in den Lipiden und Wachsen erklären.

Wahrscheinlich werden jedoch längst nicht alle mit dem Futter aufgenommenen Kohlenwasserstoffe einer biologischen Oxydation unterzogen. Diese Reaktion selbst ist für den Organismus thermodynamisch ungünstig. Das Paraffin kann im Organismus im nativen Zustand vorhanden sein. Ein Teil der nicht oxydierten Kohlenwasserstoffe wird aus dem Organismus über die Nieren oder den Dickdarm ausgeschieden. Das sind die wichtigsten physiologischen und biochemischen Gesetzmäßigkeiten der Metabolisation der Kohlenwasserstoffe im Organismus der höheren Lebewesen.

Wenn man die vorhandenen experimentellen und theoretischen Daten verallgemeinert, gelangt man zur Ansicht, daß im Organismus der Nutztiere, für die in erster Linie das fertige Eiweißprodukt – Eiweiß-Vitamin-Konzentrat – bestimmt ist, ein verschiedenartiger universeller biochemischer Mechanismus vorhanden ist, der es gestattet, alle Kohlenwasserstoffe, die in der Futterration enthalten sind, zu metabolisieren.

M. F. Nesterin, M. M. Lewatschow, I. N. Aksjuk, M. N. Wolgarjow, M. M. Gapparow, G. P. Wawilina, L. W. Krawtschenko, N. W. Laschnewa, I. A. Morosow und A. L. Posdnjakow

Über den Einfluß von n-Alkanen auf einige Seiten der Lebensvorgänge bei Labortieren

Die Kohlenwasserstoffe sind in der Natur weit verbreitet. Sie werden hauptsächlich in den Nahrungsmitteln pflanzlicher Herkunft nachgewiesen. Unter bestimmten Bedingungen können verschiedene Kohlenwasserstoffverbindungen in Geweben und Organen von Tieren akkumuliert werden. Die Rolle dieser Verbindungen in den Lebensvorgängen des Organismus ist noch nicht völlig geklärt. Das trifft sowohl für die Kohlenwasserstoffe zu, die im mikrobiellen oder pflanzlichen Organismus synthetisiert werden, als auch auf solche Kohlenwasserstoffe, die aus der Umwelt in den Organismus gelangen. In letzterem Fall werden die Kohlenwasserstoffe im Organismus der höheren Tiere in gewissem Grade utilisiert. Sie können aber auch geringe oder sogar negative Nebenwirkungen ausüben.

Die in letzter Zeit durchgeführten Untersuchungen haben gezeigt, daß n-Alkane im Bereich C_6 bis C_{12} auf den Organismus von Versuchstieren einen ausgesprochen toxischen Einfluß ausüben. In noch geringerem Maße ist die toxikologische Wirkung anderer Alkane und weiterer Kohlenwasserstofftypen bekannt.

Die Kohlenwasserstoffe (n-Alkane, Alkane, Aromaten) wurden tatsächlich als Komponenten der Lipoidgranulen bei der Milzlipoidose in den mesenterialen Lymphdrüsen, in der Leber und in den atheromatösen Aortenablagerungen beim Menschen nachgewiesen.

Die Verabreichung von n-Alkanen in Mengen von 40 bis 120 mg pro kg Körpergewicht beeinflußt bei Kaninchen negativ die Entwicklung der durch Cholesterinbelastung verursachten Arteriosklerose:

- der Cholesteringehalt im Blutserum und der Lipidgehalt im Aortengewebe steigert sich;
- die Aortenwand hatte arteriosklerotische Abweichungen;
- bei einzelnen Tieren wurde die Entstehung und die Entwicklung der Leberzirrhose beobachtet.

Ein Gehalt von mehr als 0,6% Kohlenwasserstoffen in der Futterhefe wirkt sich auf die Gewichtszunahme, den Futterverbrauch und einige Blutkennwerte bei Schweinen negativ aus.

Die Verabreichung von Paraffinen und anderen Kohlenwasserstoffen mit der Futterration verringert die Absorption des Karotins und der fettlöslichen Vitamine, verstärkt die Symptome der Insuffizienz essentieller Fettsäuren und führt zu Wuchshemmung.

Von einigen Autoren wurde die kokanzerogene Wirkung der n-Alkane, und zwar des n-Dekans und n-Tetradekans festgestellt.

In der Nahrungsmittelindustrie wird Flüssigparaffin verwendet, das hauptsächlich aus n- und zyklischen Alkanen besteht. Sie sind chemisch inert, besonders die n-Alkane, und bei der Verdauung werden bis zu 98% mit den Fäkalien ausgeschieden. Ungefähr 2% der Kohlenwasserstoffe werden absorbiert und im gesamten Organismus verteilt. Die Öltröpfchen, die als gesättigte Kohlenwasserstoffe identifiziert wurden, konnten in mesenterialen Lymphknoten, in Knoten porta hepatis, im Lebergewebe, in adipösem Gewebe und in der Milz nachgewiesen werden. Derartige Kohlenwasserstoffablagerungen wurden bei Kaninchen, Ratten und Meerschweinchen festgestellt, denen Flüssigparaffin im Verlauf von 7 Monaten und länger verabreicht wurde. Histochemische Untersuchungen zeigten, daß die Absorption der Wirkungsdauer proportional ist. Die absorbierten Teilchen verursachten eine Fremdkörperreaktion und Phagozytoseerscheinungen. Beim Zusatz von 10% Flüssigparaffin zur Futterration wurde eine starke Gewichtsabnahme und schließlich der Tod der Ratten beobachtet. In den Leberlipiden verringerte sich der Gehalt an Phospholipiden, und es steigert sich der Triglyceridgehalt.

Diese Beispiele zeigen, daß die n-Alkane, darunter solche, die vom Menschen genutzt werden, in biologischer Hinsicht kaum als absolut inerte Verbindungsgruppe angesehen werden. Sie werden zwar metabolisiert, jedoch nicht unbegrenzt.

Mehrere Autoren besehäftigen sich mit den Fragen der Metabolisierung von n-Alkanen. Die letzten Untersuchungen über den Metabolismus von n-Alkanen haben gezeigt, daß das im Fütterungsversuch bei Ratten verabreichte ^{14}C-markierte n-Heptadekan zu 65% wieder exkretiert wurde; während nur 7% im Tierkörper gefunden wurden. Der Rest wurde zu Heptadekansäure oxydiert, die in die Neutralfette und in die Phospholipide eingebaut wurden und dabei zu Heptadecensäure dehydriert.

Bei allen Untersuchungen wurden den Tieren geringe Mengen der Alkane verabreicht. Bei der Verfütterung von Hefen, die 0,5% Kohlenwasserstoffe enthielten (Schopak-Methode) wurden keine toxischen Erscheinungen an den Versuchstieren im Laufe von mehreren Generationen beobachtet. Der Paraffingehalt im Fett der Tiere überschritt die üblichen Konzentrationen nicht.

Obwohl den n-Alkanen auf Grund der bisherigen Erkenntnisse keine merkliche toxische Wirkung zugeschrieben werden kann, besteht jedoch kein Grund zur Annahme, daß sie nicht doch die Stoffwechselvorgänge im Organismus beeinflussen. Die Wirkung auf den Organismus ist noch nicht geklärt.

Wir haben einen langwierigen Versuch an 200 Wistaratten durchgeführt,

Tabelle 1 Versuchsschema

	Rattengruppen	n-Alkanmenge (mg/kg)	Versuchsdauer
	Kontrolle	0	
experimentelle Gruppen	I	50	
	II	100	2, 6, 12 Monate
	III	400	

Tabelle 2 Rationenzusammensetzung

Ration	Produkt	pro 100 g Produkt	Menge pro Ratte	Proteine	Fette	Kohlenhydrate	24 Stunden Kaloriengehalt pro Ratte
Halbsynthetisch	Kasein	21,5	4,3	3,6	0,06	-	15,31
	Stärke	52,0	10,4	0,103	-	8,988	37,27
	Pflanzenöl	11,5	2,3	-	2,15	-	20,00
	Weizenkleie	4,0	0,8	0,128	0,02	0,424	2,449
	Bierhefe	6,0	1,2	0,51	0,02	0,42	4,0
	Salzgemisch	4,0	0,6				
	Vitamingemisch	1,0	0,2				
		100,0	20,0				
				17,8	20,9	40,31	79,0

Kaloriengehalt in 100 g Ration beträgt 395 kcal

die täglich im Laufe eines Jahres verschiedene n-Alkanmengen (C_{17} bis C_{31}) von 50, 100 und 400 mg/kg Körpergewicht in 0,5 ml Sonnenblumenöl peroral erhalten haben (Tab. 1).

Die Tiere der Versuchs- und Kontrollgruppen bekamen eine synthetische Ration gleicher Zusammensetzung mit gleichem Kaloriengehalt (Tab. 2). Es wurden der Gesamtzustand, das Verhalten und die Entwicklung der Tiere beobachtet. Die Ratten wurden mit einer Dekapitationsmethode nach 2, 6 und 12 Monaten vom Versuchsbeginn getötet. Als Kennwerte wurden Stoffwechselvorgänge und funktionelle Zustände einiger Organe und Systeme der Ratten charakterisiert (Tab. 3).

Ergebnisse: In allen Versuchsgruppen wurden bei den Ratten Gewichtsminderungen im Vergleich zur Kontrollgruppe festgestellt (Abb. 1).

Tabelle 3 Einige hämatologische Kennwerte (Chronischer Versuch an Ratten)

N	Kennwerte
1.	Hämoglobingehalt in einzelnen Erythrozyten
2.	Hämoglobingehalt
3.	Erythrozytenvolumen
4.	Hämoglobinkonzentration in Erythrozyten
5.	Hämatokritwert
6.	Erythrozytenzahl
7.	Retikulozytenzahl
8.	Leukozytenzahl
9.	Leukozytenformel

SPERMATOGENESEKENNWERTE

N	Kennwerte
10.	Beweglichkeit der Spermatozoide
11.	Osmotische Resistenz der Spermatozoide
12.	Pathologische Formen der Spermatozoide
13.	Testosterongehalt
14.	Relatives Samengewicht
15.	Relatives Prostatagewicht
16.	Relatives Gewicht der Samenbläschen
17.	Relatives Gewicht der Nebennieren
18.	Relatives Gewicht der Hypophyse

KOHLENHYDRATMETABOLISMUS (CHRONISCHER VERSUCH AN RATTEN)

N	Kennwerte
19.	Glykogengehalt in Leber
20.	Insulingehalt im Serum

EMBRYOGENESE

N	Kennwerte
21.	Embryoüberleben
22.	Embryoabsterben vor der Implantation
23.	Embryoabsterben nach der Implantation

LIPIDMETABOLISMUS (CHRONISCHER VERSUCH AN RATTEN)

N	Kennwerte
24.	Gesamtlipidgehalt im Serum
25.	Phospholipidgehalt im Serum
26.	Gesamtcholesterolgehalt im Serum
27.	Gesamtlipidgehalt in der Leber
28.	Phospholopidgehalt in der Leber
29.	Gesamtcholesterolgehalt in der Leber
30.	Lipoproteidgehalt im Plasma
31.	Erythrozytenresistenz

FERMENTAKTIVITÄT (CHRONISCHER VERSUCH AN RATTEN)

N	Kennwerte
32.	Succinatoxydaseaktivität in den Lebermitochondrien
33.	Cytochrom P-450-Gehalt
34.	Amidopyrin N-dimethylationsrate in Leberhomogenat
35.	Ascorbatabgehängtes System der Lipidperoxidation
36.	Unsedimentierbare Aktivität der lysosomalen Fermente der Rattenleber
37.	Gesamtaktivität der lysosomalen Fermente der Leber

N	Kennwerte
38.	Erforschung der Leberultrastruktur, Dünndarm, Milz
39.	Pathomorphologie der inneren Organe: Leber, Nieren, Herz, Lungen, Geschlechtsorgane, Aorta.

Die Lipidfraktionen des Blutserums, nämlich Gesamtlipide, Phospholipide und Gesamtcholesterin, wiesen in allen Versuchsgruppen keine deutlichen Unterschiede zu der Kontrollgruppe auf (Tab. 4). Es wurden auch keine Unterschiede im Gehalt an Gesamtlipiden, Cholesterin und Phospholipiden in der Leber der Tiere von Versuchs- und Kontrollgruppen festgestellt (Tab. 5). Bei der Untersuchung der Zusammensetzung von Plasmalipoproteiden mit einer Elektrophoresemethode auf Polyakrylamidgel wurden keine deutlichen Unterschiede zwischen Versuchs- und Kontrollgruppen nachgewiesen (Tab. 6). Bei der Untersuchung der Erythrozytenresistenz gegenüber Wasserstoffperoxid wurde bei den Tieren aller drei Versuchsgruppen nach 2 und 6 Monaten vom Versuchsbeginn kein Unterschied im Vergleich zur Kontrollgruppe festgestellt (Tab. 7–8).

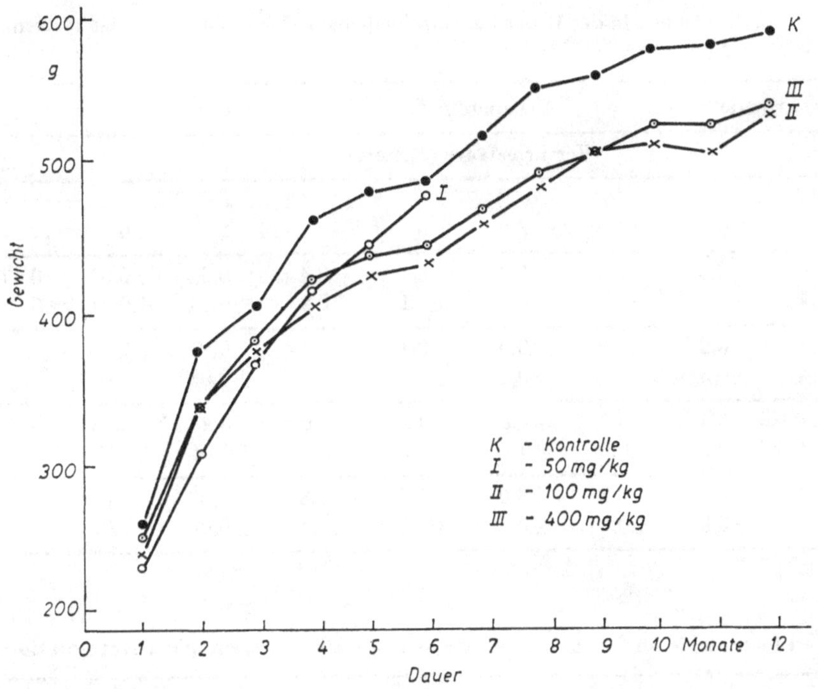

Abb. 1 Dynamik des Rattengewichts bei verschiedenen n-Alkanmengen im Laufe von einem Jahr

Tabelle 4 Lipidfraktionen im Serum bei verschiedenen n-Alkanmengen in der Ration der Ratten (mg %)

n-Alkanmenge in der Ration	Gesamtlipide			Phospholipide			Sterine		
	Versuchsdauer (Monate)								
	2	6	12	2	6	12	2	6	12
Kontrolle	298 ±13,3	224 ±20,0	314 ±8,1	114 ±5,3	125 ±18,8	192 ±59,0	75 ±10,9	81,6 ±7,8	107 ±13,3
I	316 ±10,8	276 ±21,2	–	111 ±10,6	107,4 ±12,7	–	84 ±7,2	81,6 ±8,8	–
II	306 ±14,4	237 ±21,2	316 ±30,0	105 ±2,0	104,3 ±8,8	210 ±20,8	67 ±7,0	83,3 ±6,9	89,4 ±12,0
III	337 ±13,3	258 ±20,6	324 ±23,3	109 ±6,0	94,8 ±6,7	175 ±23,0	90,5 ±2,0	71,4 ±5,8	96 ±10,7

Tabelle 5 Lipidfraktionen in der Leber bei verschiedenen n-Alkanmengen in der Rattenration (%)

Rattengruppen	Gesamtlipide			Phospholipide			Sterine		
	Versuchsdauer (Monate)								
	2	6	12	2	6	12	2	6	12
Kontrolle	5,8 ±0,4	5,6 ±0,2	7,6 ±1,1	3,2 ±0,1	3,1 ±0,1	3,4 ±0,2	0,35 ±0,04	0,32 ±0,01	0,47 ±0,08
I	5,4 ±0,4	6,2 ±0,5	–	3,0 ±0,1	3,1 ±0,1	–	0,27 ±0,03	0,33 ±0,02	–
II	4,7 ±0,4	5,9 ±0,2	5,7 ±0,6	2,8 ±0,1	3,2 ±0,1	3,0 ±0,2	0,28 ±0,04	0,33 ±0,02	0,35 ±0,06
III	5,2 ±0,3	5,7 ±0,3	6,3 ±0,2	3,0 ±0,1	3,2 ±0,1	3,3 ±0,1	0,27 ±0,02	0,33 ±0,02	0,40 ±0,06

Tabelle 6 Lipoproteide im Serum bei verschiedenen n-Alkanmengen in der Rattenration

Versuchsdauer (Monate)	Control n = 6			I n = 5			II n = 7			III n = 7		
	α	β	pre-β	α	β	pre-β	α	β	pre-β	α	β	pre-β
2	47,1 ±2,8	27,5 ±1,9	25,4 ±2,2	–	–	–	52,9 ±4,1	27,3 ±1,8	19,8 ±2,0	46,9 ±4,0	32,1 ±2,6	21,0 ±1,8
6	44,6 ±2,9	33,1 ±2,0	22,3 ±1,4	44,0 ±0,6	36,5 ±2,7	19,5 ±2,2	47,8 ±2,0	31,7 ±1,4	20,4 ±1,1	43,3 ±2,8	32,7 ±1,4	24,1 ±2,9
12	48,8 ±2,0	34,9 ±2,5	16,3 ±2,5	–	–	–	49,8 ±2,9	33,4 ±2,15	16,8 ±0,9	49,0 ±2,4	33,3 ±2,9	17,6 ±1,5

Die bei Untersuchungen des Funktionszustandes des Geschlechtssystems von männlichen Ratten erhaltenen Ergebnisse sind in Tab. 9 angeführt. Es ist ersichtlich, daß die n-Alkandosierung nach 6 und 12 Monaten vom Versuchsbeginn an eine deutliche Verminderung der Beweglichkeitsgeschwindigkeit der Spermatozoide verursacht und ihre osmotische Resistenz herabsetzt. Außerdem traten nach 12 Monaten vom Versuchsbeginn an pathologische Formen der Spermatozoiden auf.

Tabelle 7 Erythrozytenresistenz gegen Peroxid bei der Rattenration mit n-Alkanen (im Laufe von 2 Monaten)

	Ratten-gruppen	n	Erythrozytenhämolyse unter der H_2O_2-Einwirkung (Prozente)
	Kontrolle	7	6,05 ± 0,75
Versuchs-gruppen	I	5	6,40 ± 0,98
	II	7	5,71 ± 0,54
	III	6	7,40 ± 0,91

Tabelle 8 Erythrozytenresistenz gegen Peroxid bei der Rattenration mit verschiedenen n-Alkanmengen (im Laufe von 2 Monaten)

	Ratten-gruppen	n	Erythrozytenhämolyse unter der H_2O_2-Einwirkung (Prozente)
	Kontrolle	7	6,58 ± 0,54
Versuchs-gruppen	I	7	5,81 ± 0,49
	II	7	6,95 ± 0,85
	III	7	5,46 ± 0,40

Die Ergebnisse über den ermittelten Testosterongehalt im Blutserum der Ratten sind in Tab. 10 dargestellt. Hier ist zu erkennen, daß der Testosterongehalt bei Ratten, die n-Alkane über einen Zeitraum von 12 Monaten erhalten haben, im Vergleich zu den Kontrolltieren angestiegen war. In der Versuchsgruppe, welche die n-Alkane in einer Menge von 100 mg/kg Körpergewicht erhalten hatte, waren die oben erwähnten Abweichungen deutlich.

Als Kennwert des Kohlenhydratstoffwechsels wurde der Glykogengehalt in der Leber von Ratten bestimmt, denen n-Alkane verabreicht wurden.

Wie Tab. 11 zeigt, steigerte sich der Glykogengehalt in den Versuchsgruppen im Vergleich zu Kontrollgruppen nach 2 Monaten nach Versuchsbeginn. Nach 6 Monaten war der Glykogengehalt in beiden Gruppen ausgeglichen. Nach 12 Monaten wurde wieder eine Steigerung des Glykogengehaltes festgestellt. Zwecks Untersuchung der Korrelation zwischen Glykogengehalt in der Leber und Insulinspiegel im Blut wurde im Serum der Ratten nach 12 Monaten vom Versuchsbeginn an radiologisch der Insulingehalt ermittelt.

Wie die Untersuchungen zeigten, betrug der Insulingehalt im Serum bei den Kontrolltieren 21,3 ± 3,4 i/ml, bei den Versuchstieren, die 100 mg/kg n-Alkane erhalten hatten, 21,4 ± 4,7 i/ml und bei Ratten, die 400 mg/kg n-Alkane erhielten, betrug der Insulingehalt 37,2 ± 5,2 i/ml ($p < 0,02$).

Tabelle 9

Versuchs-dauer		Ratten-gruppen	Funktioneller Zustand des Geschlechtssystems		
			Beweglichkeitszeit der Spermatozoide in min	Osmotische Resistenz (Prozente)	Pathologische Formen der Spermatozoide (Prozente)
2 Monate		Kontrolle	59,1 ± 1,6	1,98 ± 0,05	1,44 ± 0,13
	n-Alkane	I	62,3 ± 1,0	2,0 ± 0,05	1,4 ± 0,13
		II	59,6 ± 1,2	2,0 ± 0,05	1,4 ± 0,13
		III	56,5 ± 3,2	1,98 ± 0,05	1,6 ± 0,2
6 Monate		Kontrolle	88,0 ± 2,7	2,1 ± 0,04	1,2 ± 0,05
	n-Alkane	I	58,0 ± 1,07*	1,9 ± 0,04**	1,2 ±
		II	75,0 ± 7,9	1,9 ± 0,04**	1,2 ± 0,09
		III	38,0 ± 3,5**	1,8 ± 0,04**	1,2 ± 0,09
12 Monate		Kontrolle	74,06 ± 6,4	2,1 ± 0,04	1,6 ± 0,08
	n-Al-kane	II	58,6 ± 4,5*	2,0 ± 0,03	1,8 ± 0,06*
		III	60,7 ± 5,3*	1,9 ± 0,03**	1,8 ± 0,06*

* $p < 0,05$; ** $p < 0,01$

Tabelle 10 Testosterongehalt im Serum (μg/ml) nach 12 Minuten vom Versuchsbeginn

Tiergruppen		Testosterongehalt im Serum (μg/ml)
	Kontrolle	29,5 ± 9,0
Versuchs-gruppen	II	57,5 ± 12,2*
	III	48,0 ∓ 12,2

* $p < 0,05$

Bei der Untersuchung einer möglichen mutagenen Wirkung der n-Alkane auf die Geschlechtszellen der Mäuse und Ratten diente als Test die Häufigkeit der dominanten Letalmutationen in verschiedenen Spermatogenesestufen. Im Versuch wurden Wistaratten im Alter von 2,5 bis 3 Monaten und Hybridmäuse (G zwischen Linien CBA und C_{56}BI) im gleichen Alter verwendet. Die männlichen Ratten und Mäuse (je 16 Tiere/Gruppe) bekamen im Laufe von 7 Tagen peroral 400 mg/kg n-Alkane in Sonnenblumenöl verabreicht. Kontrolltiere erhielten im gleichen Zeitraum nur Sonnenblumenöl.

Tabelle 11 Glykogengehalt in der Leber der Ratten, die n-Alkane im Laufe von einem Jahr bekommen haben (µg/100 g)

Rattengruppen		Versuchsdauer (Monate)		
		2	6	12
	Kontrolle	647,5 ± 122,0	238,0 ± 117,4	823,2 ± 126,7
Versuchs-gruppen	I	2569 ± 514,7**	343,0 ± 106,2	–
	II	5522 ± 527,8**	–	1427,7 ± 200,2*
	III	4203,0 ± 788,5**	264,6 ± 75,4	1152,8 ± 216,75

* $p < 0{,}02$; ** $p < 0{,}01$

Um die Letalmutation zu ermitteln, wurden intakte Weibchen zu den Versuchsrattenmännchen für eine Woche im Laufe von 10 Wochen und zu den Mäusemännchen im Laufe von 8 Wochen gesetzt. Nach gleichem Schema erfolgten die Kontrollversuche. Der Einfluß der n-Alkane wurde auf folgende Stufen der Spermazoidenentwicklung untersucht: reife Spermien, Spätspermatiden, Frühspermatiden, Spätspermatozyte, Frühspermatozyte und Spermatogonien. Nach 17–18 Tagen der Schwangerschaft wurden die Weibchen getötet, und dabei wurde die Zahl der Gelbkörper in den Eierstöcken, der Implantationsstellen (der Resorptionen) und der lebenden Embryonen in den Gebärmutterhörnern ermittelt.

Wie Tab. 12 ausweist, wirkt die Verabreichung der n-Alkane bei den Ratten ungünstig auf einzelne Spermatogenesestufen. So zeigten die Ergebnisse der Autopsie der trächtigen Weibchen eine sichere Verminderung der Embryoüberlebensrate in der Versuchsgruppe, wobei das Embryosterben sowohl vor als auch nach der Implantation berücksichtigt wurde. Bei der Befruchtung der Weibchen mit Spermatozoiden, die in der Spermatogonienstufe unter dem Einfluß von n-Alkanen standen, wurde auch eine Verminderung der Embryoüberlebensrate festgestellt, wobei das Embryosterben hauptsächlich nach der Implantation erfolgte. Der gleiche Versuch an Mäusen zeigte jedoch keinen Unterschied zwischen den von uns untersuchten Kennwerten in den Versuchs- und Kontrollgruppen (Tab. 13).

Daraus folgt, daß für endgültige Schlußfolgerungen über mögliche mutagene Eigenschaften der Paraffine weitere Untersuchungen notwendig sind.

Um die Wirkung der n-Alkane auf das blutbildende System der Ratten zu beurteilen, wurde eine Reihe hämatologischer Kennwerte des peripheren Blutes untersucht.

Bei den Versuchstieren aller drei Gruppen wurde bei Verfütterung verschiedener Mengen von n-Alkanen keine Abweichungen der hämatologischen Kenn-

Tabelle 12 Embryoabsterben bei den Ratten, die 400 mg/kg n-Alkane bekommen haben

Tiergruppen	Spermatogenese-stufe	Embryo-überleben	Absterben	
			vor der Implantation %	nach der Implantation %
Versuch	Spermatozoide	82,5 ± 0,3	9,3	9,0
Kontrolle	Spätspermatide	88,0 ± 0,3	7,1	5,3
Versuch	Frühspermatide	79,4 ± 0,3	14,9	6,6
Kontrolle		80,5 ± 0,2	12,9	7,5
Versuch	Spermatozyte	83,0 ± 0,3	10,0	7,7
Kontroll		86,4 ± 0,3	8,1	5,8
Experiment	Spermatogonien	75,5 ± 0,1*	10,0	16,1
Kontrolle		79,8 ± 0,3	11,9	8,3

* $p < 0{,}01$

Tabelle 13 Embryoabsterben bei den Mäusen (Linie CBA × $C_{57}BI_6$), die 400 mg/kg n-Alkane bekommen haben

Tiergruppen	Spermatogenese-stufe	Embryo-überleben	Absterben	
			Vor der Implantation %	nach der Implantation %
Versuch	Spermatozoide	86,1 ± 0,3	8,0	6,3
Kontrolle	Spätspermatide	85,6 ± 0,1	10,4	4,3
Versuch	Frühspermatide	97,5 ± 0,3	2	2
Kontrolle		93,3 ± 0,3	5,3	1,4
Versuch	Spermatozyte	84,4 ± 0,1	9,7	6,6
Kontrolle		85,0 ± 0,1	9,8	5,2
Versuch	Spermatogonien	87,0 ± 0,2	7,3	6,3
Kontrolle		86,2 ± 0,3	8,7	5,7

werte des roten Blutes festgestellt. Bei den Versuchsratten, die 400 mg/kg n-Alkane im Laufe von 3 Monaten erhalten hatten, wurde eine Erhöhung der Gesamtzahl der Leukozyten auf mehr als das 1,5fache im Vergleich zu den Kontrolltieren festgestellt. Es wurden jugendliche Neutrophilformen, Metamyelozyte und sogar einzelne Myelozyte nachgewiesen. Nach sechsmonatelanger n-Alkanfütterung wurde bei den Ratten die gleiche Abweichung beobachtet, wenn auch nicht so deutlich. Nach 12 Monaten wurde festgestellt, daß bei den Versuchstieren beider Gruppen, die 400 und 100 mg/kg n-Alkane erhalten hatten, die Leukozytenzahl konstant blieb, während sie bei den Kontrolltieren anstieg (Tab. 14).

Tabelle 14 Einige hämatologische Kennwerte bei der Rattenration mit verschiedenem n-Alkangehalt

Gruppen	Rattenzahl	Versuchsdauer (Monate)	Leukozyten (Tausende/mm^3)	Neutrophile (Prozente)	
				Stabkernige Neutrophile $M \pm m$	Segmentneutrophile $M \pm m$
Kontrolle	11	3	$10{,}21 \pm 0{,}57$	$1{,}0 \pm 0{,}25$	$21{,}6 \pm 1{,}74$
	11	6	$11{,}99 \pm 0{,}45$	$1{,}3 \pm 0{,}19$	$22{,}1 \pm 1{,}53$
	11	12	$12{,}72 \pm 0{,}44$	$1{,}1 \pm 0{,}37$	$25{,}3 \pm 2{,}61$
	7	3	$13{,}01 \pm 0{,}70$*	$4{,}0 \pm 0{,}77$**	$26{,}2 \pm 5{,}78$
I	6	6	$13{,}97 \pm 1.74$	$2{,}1 \pm 0{,}32$	$24{,}5 \pm 2{,}74$
	–	–	–	–	–
	8	3	$15{,}55 \pm 2{,}24$*	$2{,}3 \pm 0{,}50$*	$22{,}3 \pm 2{,}39$
II	8	6	$15{,}32 \pm 2{,}22$*	$2{,}3 \pm 0{,}62$	$24{,}3 \pm 1{,}74$
	8	12	$16{,}12 \pm 1{,}87$	$3{,}0 \pm 0{,}56$	$39{,}8 \pm 3{,}51$
	9	3	$18{,}29 \pm 1{,}30$**	$2{,}6 \pm 0{,}50$*	$22{,}7 \pm 2{,}86$
III	8	6	$16{,}46 \pm 1{,}25$**	$1{,}5 \pm 0{,}37$	$24{,}2 \pm 2{,}11$
	8	12	$16{,}87 \pm 2{,}06$	$2{,}0 \pm 0{,}37$	$31{,}5 \pm 2{,}74$

* $p < 0{,}05$; ** $p < 0{,}01$

Bei ständiger n-Alkanfütterung wurde bei den Ratten keine Veränderung der Gesamtaktivität lysosomaler Leberfermente (β-Galactosidase, β-N-Acetylglucosaminidase, Arylsulphatasen A und B, -mannosidase und der sauren Ribonuklease beobachtet. Die nicht sedimentierbare Aktivität der Fermente und vor allem der besonders in der Lysosomenmatrix lokalisierten β-Galactosidase und der sauren Ribonuklease zeigte gleichzeitig eine steigende Tendenz (Tab. 15).

Tabelle 15 Die n-Alkanwirkung bei dauernder Einführung auf die unsedimentierbare Aktivität der lysosomalen Fermente der Rattentiere. Die Fermentaktivität ist in Prozenten von der Kontrolle angeführt

Tiergruppen	β-Galactos-sidase	β-N-Acetyl-glucos-aminidase	α-Manno-sidase	Saure Ribo-nuklease	Protein (mg/g Gewebe)
–	7,7 ± 2,1	2,3 ± 0,2	2,8 ± 0,09	21,7 ± 3,4	96,0 ± 1,2
Versuchsgruppe II	12,0 ± 1,8 $p > 0{,}05$	2,0 ± 0,3 $p > 0{,}05$	2,1 ± 0,1 $p > 0{,}05$	29,8 ± 0,3 $p > 0{,}05$	94,2 ± 4,4 $p > 0{,}05$
Versuchsgruppe III	15,3 ± 2,6 $p > 0{,}05$	2,9 ± 0,1 $p > 0{,}05$	2,3 ± 0,3 $p > 0{,}05$	27,8 ± 1,2 $p > 0{,}05$	92,5 ± 5,2 $p > 0{,}05$

Die Verfütterung von n-Alkanen in gleichen Dosierungen an Ratten von etwa 100 g Lebendgewicht im Laufe von 30 Tagen übte keine wesentliche Wirkung auf die gesamte und nichtsedimentierbare Aktivität lysosomaler Hydrolasen (Tab. 16 u. 17) aus. Man kann aber sagen, daß in vitro bei der Inkubation der Lysosome, die aus der Leber der Versuchs- und Kontrolltiere in hypotonischer Saccharoselösung abgesondert wurden, die Freisetzung der Fermente und ihr Übergang in die Lösung aus den Lysosomen der Versuchstiere viel geringer war (Tab. 18).

Bemerkenswert sind bestimmte Unterschiede bei der Veränderung der Eigenschaften der Nierenlysosomen im Vergleich zu denen der Leber. Wie die Tab. 19 zeigt, bewirkten die n-Alkane im Laufe von 30 Tagen eine nicht eindeutige Änderung der Gesamtaktivität der Nierenlysosomenfermente. Die ß-N-Acetylglucosaminidase- und Arylsulphataseaktivität stieg bei der maximalen n-Alkandosis nur wenig, während sich ß-Glucuronidaseaktivität deutlich senkte. Bei

Tabelle 16 n-Alkanwirkung auf die Gesamtaktivität der lysosomalen Fermente der Rattenleber (µM/min/g Gewebe)

Fermente Tiergruppen	β-N-Acetyl-glucosaminidase	β-Glucuronidase	Arylsulphatasen A und B
Kontrolle	4,67 ± 0,13	2,35 ± 0,05	3,05 ± 0,16
I Versuchsgruppe	4,99 ± 0,07	2,53 ± 0,06*	3,10 ± 0,14
II Versuchsgruppe	4,16 ± 0,09*	2,25 ± 0,07	3,54 ± 0,16

Es sind Durchschnittswerte von 7 Versuchen angeführt
* $p < 0{,}05$, in anderen Fällen $p > 0{,}05$

Tabelle 17 n-Alkanwirkung auf die unsedimentierbare Aktivität lysosomaler Fermente der Rattenleber

Ferment	β-N-Acetylglucosaminidase		β-Glucuronidase		Arylsulphatasen A und B	
Tiergruppe	μM/min/g Gewebe	Prozente der Gesamtmenge	μM/min/g Gewebe	Prozente von der Gesamtmenge	μM/min/g Gewebe	Prozente von der Gesamtmenge
Kontrolle	0,031 ± 0,0008	0,7	0,078 ± 0,005	3,3	0,063 ± 0,003	2,06
I Versuchsgruppe	0,037 ± 0,002	0,8	0,086 ± 0,003	3,2	0,056 ± 0,002	1,60
II Versuchsgruppe	0,032 ± 0,001	0,7	0,088 ± 0,002	3,9	0,065 ± 0,002	2,09

Durchschnittswerte aus 7 Versuchen sind angeführt.
In allen Fällen $p > 0{,}05$

Tabelle 18 Unsedimentierbare Aktivität der lysosomalen Enzyme der Rattenleber bei der Einführung von 100 mg/kg n-Alkane (Versuchsgruppe I) oder von 400 mg/kg (Versuchsgruppe II) im Laufe von 30 Tagen

Fermente	β-Glucosidase		β-N-Acetylglucosaminidase		α-Mannosidase		Arylsulphatasen A und B	
Tiergruppen	μM/min/g Gewebe	% von dem Gesamten	μM/min/g Gewebe	% von dem Gesamten	μM/min/g Gewebe	% von dem Gesamten	μM/min/g Gewebe	% von dem Gesamten
Kontrolle	1,70 ± 0,04	29,8	0,135 ± 0,004	15,5	3,0 ± 0,14	12,0	0,127 ± 0,0007	16,0
II Versuchsgruppe	1,25 ± 0,04	22,2	0,093 ± 0,002	10,6	2,1 ± 0,10	7,5	0,083 ± 0,0006	11,0
III Versuchsgruppe	1,22 ± 0,04	20,5	0,092 ± 0,004	8,0	2,4 ± 0,20*	6,5	0,066 ± 0,003	7,9

Es sind Durchschnittswerte von 5 Versuchen angeführt.
* $p < 0{,}05$, in anderen Fällen $p < 0{,}001$.
Die lysosomale Fraktion wurde aus der Leber nach der De Duve-Methode isoliert. Sie wurde im Laufe von 30 min bei 37°C in 0,125 m Saccharoselösung inkubiert. Dann wurde sie bei 10000 g im Laufe von 25 min zentrifugiert und es wurde die Aktivität der Fermente in der Lösung bestimmt.

Tabelle 19 n-Alkanwirkung auf die Gesamtaktivität lysosomaler Fermente der Rattennieren (die Aktivität ist in μM/m in/g Gewebe angeführt)

Ferment Tiergruppe	β-N-Acetyl-glucosaminidase	β-Glucuronidase	Arylsulphatasen A und B
Kontrolle	12,7 ± 0,20	0,54 ± 0,02	4,38 ± 0,06
I Versuchsgruppe	12,9 ± 0,15	0,56 ± 0,02	4,48 ± 0,11
II Versuchsgruppe	13,6 ± 0,07*	0,43 ± 0,02*	4,58 ± 0,07

Es sind Durchschnittswerte aus 7 Versuchen angeführt.
* $p < 0{,}01$, in anderen Fällen $p > 0{,}05$.

einer Dosis von 100 mg/kg stieg die Fermentaktivität ein wenig. Die nichtsedimentierbare Aktivität aller untersuchten Fermente der Nierenlysosome (Tab. 20) stieg deutlich bei maximaler Dosis auf das Zweifache an.

Bei Inkubationsversuchen der in vitro aus der Rattenleber abgesonderten Lysosome mit verschiedenen n-Alkankonzentrationen wurde eine bedeutende Unterdrückung des β-N-Acetylglucosaminidase- und β-Glucuronidaseüberganges in die Lösung beobachtet (Tab. 21). Das korreliert in bestimmtem Grad mit den Versuchsergebnissen in vivo (Tab. 25).

Wir untersuchten auch den Einfluß der n-Alkane auf die Aktivität der Succinatoxydase der Lebermitochondrien von Ratten, d. h. Teile der Atmungskette von Succinatdehydrogenase bis Cytochromoxydase (Tab. 22). Es stellte sich heraus, daß sich in der Gruppe, die 400 mg/kg n-Alkane erhalten hatte, die Succinatoxydaseaktivität deutlich verminderte. Bei den Ratten, die 100 mg/kg erhalten hatten, veränderte sie sich nicht, und in der Gruppe, die nur 50 mg/kg erhalten hatte, stieg die Aktivität leicht an.

Ein wesentlicher Aspekt des Einflusses von n-Alkanen auf den menschlichen und tierischen Organismus kann sein, daß die Fähigkeit der Leberfermentsysteme, insbesondere biologisch aktive Stoffe zu oxydieren, beeinträchtigt wird. Eine ganze Reihe von Xenobiotika verursacht bekanntlich bei wiederholter Dosierung eine Induktion des mikrosomalen Cytochrom P-450-Hydroxylasesystems der Leber. Das ist wahrscheinlich einer der wichtigsten Mechanismen von Schutzreaktionen des Organismus gegen Fremdstoffeinwirkungen.

In diesem Zusammenhang ist es interessant, den Einfluß der n-Alkane auf die Induzierung des oben erwähnten Fermentsystems zu untersuchen und auch dessen Fähigkeit, Xenobiotika zu metabolisieren.

Die Tab. 23 zeigt die Ergebnisse der von uns durchgeführten Experimente. Im speziellen Fall wurde der Einfluß von n-Alkanen auf die durch Phenobarbital verursachte Induktion der mikrosomalen Cytochrome P-450 und B 5 untersucht.

Tabelle 20 n-Alkanwirkung auf die unsedimentierbare Aktivität lysosomaler Fermente der Rattennieren

Ferment Tiergruppe	β-N-Acetylglucosaminidase µM/min/g Gewebe	% von dem Gesamten	β-Glucuronidase µM/min/g Gewebe	% von dem Gesamten	Arylsulphatasen A und B µM/min/g Gewebe	% von dem Gesamten
Kontrolle	0,78 ± 0,01	6,2	0,077 ± 0,002	13,0	0,34 ± 0,009	7,8
I Versuchsgruppe	1,15 ± 0,06	8,8	0,112 ± 0,005	20,0	0,45 ± 0,005	10,0
II Versuchsgruppe	1,23 ± 0,05	9,1	0,134 ± 0,002	28,4	0,57 ± 0,019	12,4

Es sind Durchschnittswerte aus 7 Versuchen angeführt.
In allen Fällen $p < 0,001$

Tabelle 21 n-Alkanwirkung (in vitro) auf die unsedimentierbare Aktivität lysosomaler Glycosidasen der Rattenleber µM/min/g Gewebe (1) und % vom Gesamten (2)

n-Alkan-	β-Galactosidase		β-N-Acetylglucosaminidase		β-Glucosidase		β-Glucuronidase	
konzentration M	1	2	1	2	1	2	1	2
-	0,013 ± 0,001	18,0 ± 1,7	0,20 ± 0,02	36,6 ± 3,4	0,020 ± 0,004	23,6 ± 3,8	0,17 ± 0,006	25,5 ± 6,6
1×10^{-3}	0,017 ± 0,002	20,0 ± 2,4	0,10 ± 0,03	17,3 ± 4,5	0,015 ± 0,001	20,3 ± 1,3	0,13 ± 0,02	16,5 ± 0,7
	$p > 0,05$	$p > 0,05$	$p < 0,02$	$p < 0,02$	$p > 0,05$	$p > 0,05$	$p > 0,05$	$p < 0,001$
$1 - 10^{-2}$	0,019 ± 0,001	21,5 + 1,1	0,074 ± 0,009	13,5 ± 4,8	0,015 ± 0,001	20,0 ± 1,6	0,11 ± 0,003	17,0 ± 0,5
	$p < 0,01$	$p > 0,05$	$p < 0,01$	$p < 0,01$	$p > 0,05$	$p > 0,05$	$p < 0,001$	$p < 0,001$

Es sind Durchschnittswerte aus 5 Versuchen angeführt

Tabelle 22 n-Alkanwirkung auf die Ratte der Succinatoxidation in den Mitochondrien der Rattenleber (chronischer Versuch)

Dose		O_2-Verbrauch in 3. Position nach Wechsel (0/min mg Protein)		
Kontrolle		70,5 ± 3,3	$P_{(1)} < 0{,}05$	$P_{(2)} > 0{,}05$
Versuchsgruppen	I	91,1		
	II	77,0 ± 4,3		
	III	55,0 ± 0,64	$P_{(2)} < 0{,}05$	

Tabelle 23 n-Alkanwirkung auf die Cytochrome P-450 und B5-Induktion in den Lebermikrosomen bei Ratten bei Phenobarbital-Administration (Prozente von Kontrolle)

Versuchsbedingungen	pro 1 mg Protein	für die gesamte Leber	pro 100 g Körpergewicht	pro 1 mg Protein	für die gesamte Leber	pro 100 g Körpergewicht
Phenobarbital	336	468	515	142	200	226
n-Alkane + Phenobarbital	240	330	326	118	168	163

Die Versuche wurden an männlichen Wistaratten mit einem Ausgangsgewicht von 180–200 g durchgeführt. Die Tiere erhielten täglich im Laufe von 3 Tagen entweder nur Natriumphenobarbital oder gleichzeitig zusammen mit n-Alkanen. Das Phenobarbital wurde intraperitoneal in der Dosis von 100 mg/kg Körpergewicht eingeführt und die n-Alkane mit einer Magensonde in der gleichen Menge. Die Tiere der Kontrollgruppe erhielten die gleichen Mengen 0,9%iger NaCl-Lösung, Sonnenblumenöl oder n-Alkane eingeführt.

Wie die Tabelle zeigt, erhöhte sich der Gehalt an Cytochrom P-450 und B 5 in den Lebermikrosomen der Ratten, die gleichzeitig Phenobarbital und das n-Alkangemisch erhalten hatten, etwas weniger, im Gegensatz zu den Tieren, die nur Phenobarbital erhielten. Diese Gesetzmäßigkeit wurde bei allen Berechnungsverfahren erhalten. Gleichzeitig ist zu sagen, daß die Steigerung des relativen Lebergewichts bei beiden Tiergruppen praktisch gleich war.

Die Ergebnisse zeigen, daß die n-Alkane den Induktionsgrad der mikrosomalen Monooxygenasen verändern können. Auf diese Weise wird die Geschwindigkeit der Entfernung von Fremdstoffen aus dem Organismus beeinflußt. Die ständige Verabreichung von n-Alkanen führte bei den Tieren zur Akkumulation derselben in verschiedenen Geweben der Ratten (Tab. 24), aber zu keinen Abweichungen in der Ultrastruktur der Leber, des Dünndarms und der Milz.

Tabelle 24 n-Alkangehalt (C_{13}–C_{29}) in verschiedenen Geweben der Ratten

Gewebe	Kontrolle	Tiergruppe I	Tiergruppe II	Tiergruppe III
Fettgewebe	7,0–9,0	253,0	545,0	1274,5
Lungen	2,8–3,0	24,0	88,1	380,5
Nieren	2,0–2,5	9,9	17,3	32,0
Hirn	<1	<1	<1	

Die Untersuchungsergebnisse zeigen also, daß die n-Alkane unter bestimmten Bedingungen auf einige Vorgänge der Lebenstätigkeit beim tierischen Organismus von Einfluß sind. Um ihre Wirkung endgültig zu beurteilen, muß noch weiteres Material gesammelt werden.

W. Biedermann, G. Heinze und J. Schmidt

Zu Fragen des Mechanismus und der Kinetik der Extraktion von Kohlenwasserstoffen aus Erdöldestillat-Hefen

Die Verwendung der auf ED-Substraten gezüchteten Hefen als Futtermittel erfordert die weitgehende Entfernung von Substratbestandteilen, insbesondere von nicht utilisierten KW und biogenen lipophilen Metaboliten.

Mit den steigenden Qualitätsanforderungen wurden auch verstärkt Grundlagenuntersuchungen über die Bindung der Kohlenwasserstoffe an und in der Hefe durchgeführt.

Die Lokalisierung der KW, die sowohl bei der Utilisation des ED-Substrates, als auch bei den nachfolgenden Verfahrensstufen in oder auf der Hefezelle angereichert worden sind, ist theoretisch wie folgt denkbar:

- Die locker-adsorptive Bindung von KW an der Oberfläche der Zellagglomerate;
- Das Vorkommen in den Lipidspeichervakuolen der Hefezellen;
- Die direkte Bindung der KW an das Protein über Einschlußverbindungen bzw. (hydrophobe) apolare Bindungswechselwirkungen;
- Als KW-Lipoproteid- bzw. KW-Glykoproteid-Komplex.

In der HTS liegt nach der Trocknung ein komplexes System aller angeführten Bindungsmöglichkeiten zwischen Feststoff und Kohlenwasserstoffen bzw. lipophilen Zellinhaltsstoffen vor.

Dabei kommt jeder dieser Möglichkeiten, je nach der Festigkeit der Bindung zwischen KW und Protein, für die Erreichung eines qualitätsgerechten Produktes, eine spezielle Bedeutung zu, d.h., je vollständiger die Entfernung der KW und der lipophilen Begleitstoffe sein soll, desto stärkere Bindungskräfte müssen überwunden werden.

Mit unpolaren Extraktionsmitteln ist dies nur bis zu einem gewissen Grade möglich, von dem an eine Vergrößerung der Extraktionszeit beim kontinuierlichen Prozeß oder auch die Erhöhung der Stufenzahl beim diskontinuierlichen Verfahren keine Verbesserung des Extraktionsergebnisses mehr zeigt. Der Grund dafür ist darin zu sehen, daß mit Hilfe des unpolaren Extraktionsmittels nur die KW extrahiert werden können, die relativ locker gebunden sind, während die über Lipoproteidkomplexe gebundenen KW auf diese Weise nicht entfernt werden können.

Aus der Literatur ist bekannt, daß polare Lösungsmittel stark lipoproteid-destrukturierende Eigenschaften zeigen. Dies stimmt mit den am System HTS-KW erhaltenen experimentellen Ergebnissen sehr gut überein.

Die in der Tabelle 1 angeführten Ergebnisse zeigen, daß mit einer erschöpfenden Benzinextraktion bei 40°C zwar 16% Extrakt, bezogen auf den Feststoff, entfernt werden können und das dieser Extrakt 92% der im Ausgangsprodukt enthaltenen KW und 84% der Aromaten enthält.

Tabelle 1 Ergebnisse der Benzinextraktion[Ma-%]

	Ausgangsprod.	extrahiert. Prod.
Gesamtextrakt $[QM]_{HTS}$	15,8	3,21
Kohlenwasserst. $[QM]_{HTS}$	8,2	0,63
Aromaten $[QM]_{HTS}$	2,0	0,36
$Extraktmenge_{HTS}$	–	15,9
entfernte KW	–	92%
entfernte Aromaten	–	84%

Jedoch können bei der in der Tabelle 2 dargestellten Nachextraktion des bei der Benzinextraktion erhaltenen Trockenproduktes mit Benzin/Alkohol-Mischungen noch einmal beträchtliche Mengen der im Feststoff verbliebenen KW entfernt werden. So können mit Benzin/Ethanol 51% und mit Benzin/Methanol sogar 97% der mit Benzin allein nicht mehr extrahierbaren KW entfernt werden.

Die in Abbildung 1 dargestellten Konzentrations/Zeit-Kurven für die Extraktionen mit den in den beiden Tabellen angegebenen Lösungsmittelgemischen verdeutlichen noch einmal die mit der Polaritätserhöhung der Alkohole ansteigende Extraktionsgeschwindigkeit.

Tabelle 2 Ergebnisse der Extraktion mit Benzin/Alkohol-Gemischen [Ma-%]

Extraktionsmittel	Ausgangs-prod.	extrahiert. Prod. Bzn/MeOH	Bzn/EtOH	Bzn/i-PrOH
Gesamtextrakt $[QM]_{HTS}$	3,21	0,24	1,02	1,91
Kohlenwasserst. $[QM]_{HTS}$	0,63	0,02	0,31	0,53
Aromaten $[QM]_{HTS}$	0,36	0,006	0,18	0,29
$Extraktmenge_{HTS}$	–	15,3	14,3	9,2
entfernte KW	–	97%	51%	16%
entfernte Aromaten	–	98%	50%	19%

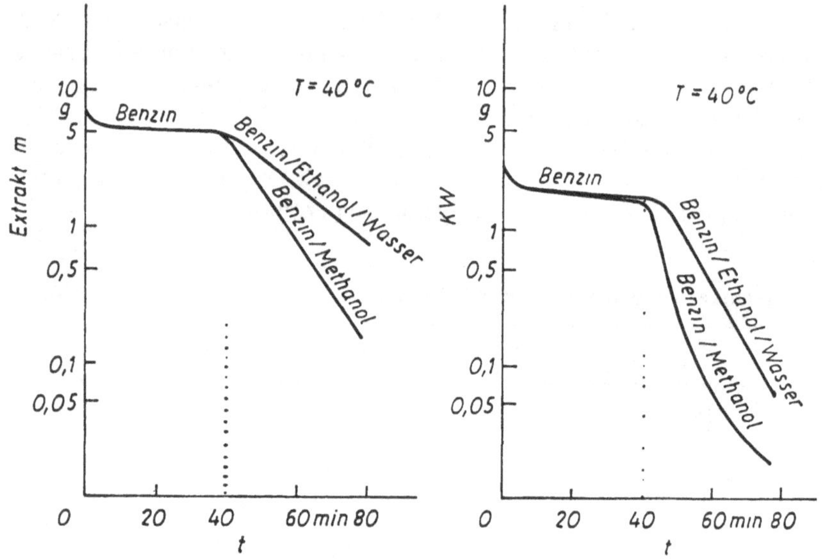

Abb. 1 Konzentrations-Zeit-Diagramme für die Entfernung von Extrakt und Kohlenwasserstoffen aus ED-Hefen mit verschiedenen Lösungsmitteln

Der Mechanismus der Lipoproteiddestrukturierung wird bei der Extraktion mit Benzin/Alkohol-Gemischen dadurch unterstützt, daß im Dreiphasensystem Benzin/Alkohol/Wasser eine Mischungslücke existiert. Diese Mischungslücke wird, wie in Abbildung 2, die das Mischungsdiagramm für das System Benzin/Ethanol/Wasser zeigt, beim Kontakt des Extraktionsmittels Benzin/Ethanol/Wasser mit dem im Feststoff enthaltenen Wasser (etwa 8–10%) erreicht, so daß dann im Feststoff die Trennung in eine alkoholreiche Phase, die vom Feststoff adsorbiert wird und eine benzinreiche Phase, die sehr gut dazu geeignet ist, die von der polaren Phase freigesetzten KW und lipophilen Zellinhaltsstoffe zu lösen erfolgt.

Interessante Ergebnisse hinsichtlich der Kinetik des Extraktionsvorganges liefert neben der bereits dargestellten Konzentrations/Zeit-Abhängigkeit die Verfolgung des Diffusionsverhaltens der KW im Feststoff.

Nach Barrer [1] kann für die Untersuchung der Kinetik dieses Vorganges die Formel:

$$F = 1 - \frac{6}{\pi^2} \sum_{n=1}^{\infty} \frac{1}{n^2} \exp\left(-n^2\pi^2\tau\right)$$

mit Abbruch der Reihenentwicklung nach dem 1. Glied und Umformung nach τ als Lösung des 2. Fick'schen Diffusionsgesetzes herangezogen werden, die

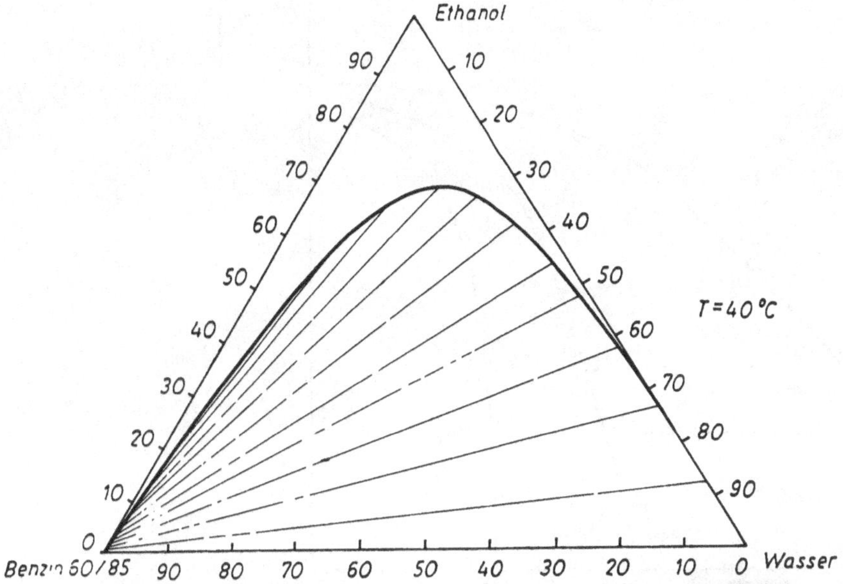

Abb. 2 Mischungsdiagramm für das System Benzin/Ethanol/Wasser bei 40°C

für kugelförmige Teilchen unter der Voraussetzung einer ständigen Erneuerung der Lösung außerhalb des Teilchens gilt.

Die Abbildung 3 zeigt die Abhängigkeit des differentiellen Stoffübergangskoeffizienten vom Umsetzungsgrad für KW bei Verwendung der Extraktionsmittel:

Benzin/Methanol, Benzin/Ethanol und Benzin.

Auf der Ordinate sind die nach oben zunehmenden Stoffübergangskoeffizienten und auf der Abszisse die nach links steigenden Umsetzungsgrade aufgetragen. Wie aus der Abb. 3 ersichtlich, ist mit zunehmenden Umsetzungsgrad eine Verringerung der Stoffübergangskoeffizienten zu beobachten.

Das bedeutet, daß sich mit steigendem Umsetzungsgrad die Extraktionsgeschwindigkeit stark verringert und nur bei Methanol und Ethanol in ihren Mischungen mit Benzin auch bei hohen Umsetzungsgraden noch meßbare Stoffübergangskoeffizienten und damit auch effektive Extraktionsgeschwindigkeiten resultieren.

Unter der Voraussetzung, daß keine Sorptionserscheinungen am Feststoff auftreten, ist der Stoffübergangskoeffizient einer niedermolekularen Substanz aus einem Feststoff konzentrationsunabhängig.

Im betrachteten Fall ergeben sich jedoch, in Übereinstimmung mit dem beobachteten Kurvenverlauf, folgende Einflußfaktoren:

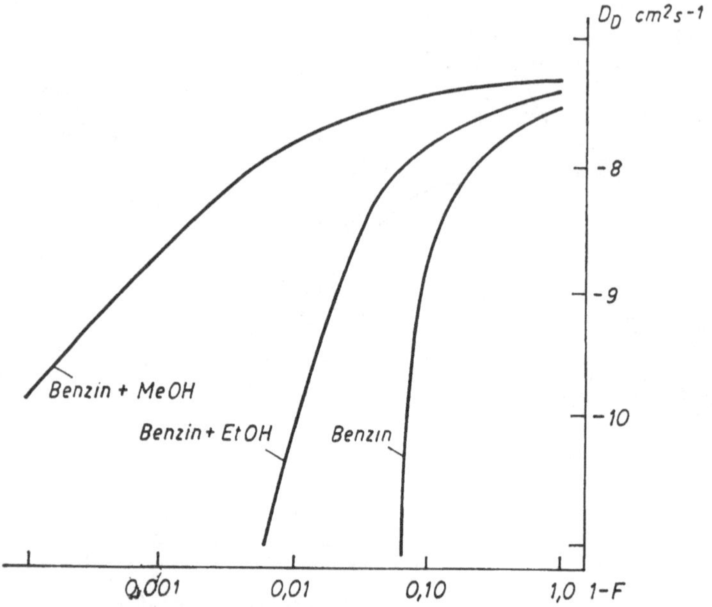

Abb. 3 Abhängigkeit der differentiellen Stoffübergangskoeffizienten der Kohlenwasserstoffe vom Umsetzengsgrad für verschiedene Extraktionsmittel

- die chemische Reaktion der Lipoproteidzerstörung
- die Diffusion in Mikro- und Makroporen
- und die Diffusion in die freie Lösung durch die Grenzschicht.

Verwendet man als polare Komponente des Extraktionsmittels verschiedene aliphatische Alkohole, so zeigt sich also ganz deutlich, daß die extraktionsfördernde Wirkung mit abnehmender Kettenlänge des aliphatischen Restes und damit gleichzeitig abnehmenden Molekulargewicht der Alkohole stark zunimmt.

Im gleichen Maße, wie das Molekulargewicht dieser Alkohole abnimmt, steigt ihre Polarität, ausgedrückt durch die Dielektrizitätskonstante und die Löslichkeitsparameter dieser Komponenten (siehe Tab. 3).

Es zeigt sich eine deutliche Übereinstimmung zwischen den bisher vorgestellten Ergebnissen und dem Gang der DK und dem polaren Anteil des Löslichkeitsparameters.

Die Einführung des Löslichkeitsparameters δ nach der Definition von HILDEBRANDT und SCOTT für die Charakterisierung von Lösungs- bzw. Extraktionsmitteln machte sich notwendig, da zwischen organischen Verbindungen die physikalischen Anziehungskräfte gegenüber den Ion-Dipol-Wechselwirkun-

Tabelle 3 Löslichkeitsparameter und Dielektrizitätskonstanten der polaren Extraktionsmittelkomponenten

	Debye	Löslichkeitsparameter $cal^{1/2} \cdot cm^{-3/2}$		
	ε	δ_d	δ_p	δ_h
Hexan	1,9	7,24	0	0
Methanol	32,6	7,42	6,0	10,9
Ethanol	24,5	7,73	4,3	9,5
n-Propanol	19,7	7,75	3,3	8,5
n-Butanol	18,3	7,81	2,6	7,7
Wasser	78,5	6,00	15,3	16,7
Dimethylformamid	38,0	8,52	6,7	5,5
Dimethylsulfoxid	49,0	9,00	8,0	5,0
Formamid	110,0	8,40	12,8	9,3

gen, die durch die Dielektrizitätskonstante beschrieben werden können, zunehmend an Bedeutung gewinnen.

Die gesamte Kohäsionsenergie setzt sich nach diesem Konzept zusammen aus:

- einem Anteil für die Dispersionswechselwirkungen $E_d \sim r^{-6}$
- einem Term für die Dipol-Dipol-Wechselwirkung $E_p \sim r^{-3}$
- und einem Term für die Wasserstoffbrückenbindungsenergie $E_h \sim r^{-4}$

Die Division der einzelnen Energieanteile durch das Molvolumen ergibt die Energiedichte, deren Wurzel den Löslichkeitsparameter darstellt.

$$\frac{E}{V} = \frac{E_d}{V} + \frac{E_p}{V} + \frac{E_h}{V}$$

$$\frac{E}{V} = \delta^2 = \delta_d^2 + \delta_p^2 + \delta_h^2$$

Auf unser Problem angewandt, verlangt dieses Konzept für die optimale Lösung eines Stoffes die Suche nach einem Lösungsmittel, das in allen Komponenten des Löslichkeitsparameters möglichst gut mit den Parametern des zu lösenden Stoffes übereinstimmt.

Dabei tritt, wie auch aus der Tabelle 3 ersichtlich, der Einfluß des Dispersionsparameters gegenüber denen der anderen beiden Parameter zurück [2, 3].

Da eine Bestimmung der einzelnen Parameter für die biogenen, lipophilen Zellinhaltsstoffe nicht ohne weiteres möglich ist, kann der direkte Weg der Lösungsmittelauswahl nicht beschritten werden, jedoch kann über den Vergleich der Wirksamkeit der untersuchten Extraktionsmittel mit ihren Löslichkeitsparametern auf die Art der Wechselwirkung mit den biogenen Makromolekülen geschlossen werden.

Für die Bindungsmöglichkeiten zwischen Lipoid und Kohlenwasserstoff bestehen ziemlich eindeutige Vorstellungen. Diese sind zum größten Teil dem Modell der „unit-membrane“ (Einheitsmembran) entlehnt (Abb. 4), das aus einer Phospholipid-Doppelschicht besteht, deren polare Kopfgruppen nach außen gerichtet sind und mit den Proteinen in Wechselwirkung stehen, während der hydrophobe Teil nach innen gerichtet ist. Es wird eine VAN DER WAALS Wechselwirkung zwischen den Kohlenwasserstoffketten und den langkettigen Alkylresten der Lipoid-Fettsäuren angenommen. Die Bindungsenergie für diese Wechselwirkung liegt zwischen 0,5 und 2 kcal/Mol und ist damit relativ niedrig. Jedoch spielt bei der Spaltung dieser Bindung die sterische Hinderung durch die Vielzahl der Fettsäurereste und der Verzweigung der Kohlenwasserstoffmoleküle eine bedeutende Rolle.

Für den Fall der Gegenwart von polaren Lösungsmitteln tritt noch eine weitere Verstärkung dieser Bindung dadurch ein, daß durch intermolekulare H-Brücken-Bindung die polaren Lösungsmittel assoziieren und dadurch die KW-Ketten stärker „zusammengepreßt“ werden [4].

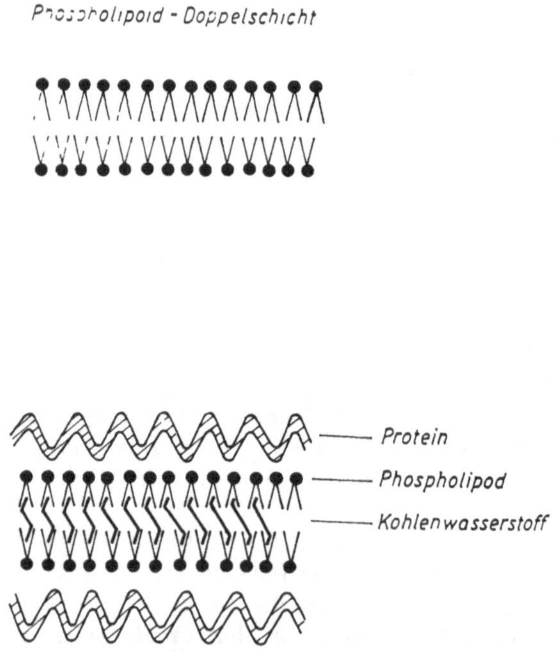

Abb. 4 Einlagerungsmöglichkeit für Kohlenwasserstoffe in Phospholipoid-Doppelschichten (statt Phospholipod lies Phospholipoid)

Dieser Bindungsmechanismus erklärt dann ebenfalls die gleichzeitige Extraktion der Kohlenwasserstoffe und der Lipoide bei der Spaltung der Lipoproteide in die Lipoid- und Proteinkomponente.

Für die Bindung zwischen Protein und Lipoid sind mehrere Möglichkeiten denkbar, die in Abbildung 5 zusammengefaßt sind. Die Berechtigung der Annahme, daß die Bindungen zwischen Protein- und Lipoidkomponente auf solchen elektrostatischen und H-Brücken-Wechselwirkungen beruhen können, ergibt sich auch aus den Erkenntnissen, die bei der Untersuchung anderer Lipoproteidkomplexe gewonnen wurden. In der Literatur gibt es eine sehr große Anzahl gut fundierter Untersuchungen über die Lipoproteide des Blutplasmas. Die darin entwickelten Modellvorstellungen sind den von uns erhaltenen Erkenntnissen kongruent.

Abbildung 6 zeigt einen solchen Lipoproteidkomplex des Blutplasmas in einer räumlichen Ausdehnung und Ladungsverteilung. Zunächst ist hier die Wechselwirkung der unpolaren Oberflächensegmente oder apo-Lipoproteine mit den Fettsäureketten der Lipoproteide dargestellt. Des weiteren werden auch die Wechselwirkungsmöglichkeiten des polaren Teils der Oberfläche der Protein-Helix mit den polaren Kopfgruppen der Phospholipoide deutlich erkennbar.

In diesem Modell wird ebenfalls postuliert, daß die positiven und negativen Ladungen der Protein-Helix vorzugsweise so orientiert sind, daß maximale ionische Wechselwirkung mit dem zwitterionischen polaren Teil der Phospholipide eintritt [5].

Ausgehend von den Erkenntnissen über den Einfluß der Polarität des Extraktionsmittels wurden von uns in weiteren Extraktionsversuchen stärker polare Lösungsmittel, wie Dimethylsulfoxid und Dimethylformamid, die Dielektrizitätskonstanten bis zu 50 Debye haben, als Extraktionsmittel eingesetzt.

Trotz der teilweise recht beträchtlichen Polaritätserhöhung konnte die erwartete stärker extraktionsfördernde Wirkung nicht festgestellt werden. Die ermittelten Kennwerte unterscheiden sich nur unwesentlich von denen der Variante des Äthanolzusatzes.

Daraus läßt sich die Schlußfolgerung ableiten, daß nicht allein die Polarität des Extraktionsmittels, sondern auch sein Protonendonorvermögen für seine Extraktionswirksamkeit entscheidend ist, da die eingesetzten Alkohole nach der Definition von Parker zur Gruppe der polar-protischen und die verwendeten hochpolaren Komponenten zur Gruppe der dipolar-aprotischen Lösungsmittel zu zählen sind.

Dieses Ergebnis machte es wahrscheinlich, daß der Mechanismus der Ablösung der Extraktinhaltsstoffe aus der HTS unter starker Beteiligung von Wasserstoff-Brückenbindungen abläuft.

Die protischen Lösungsmittel sind als Wasserstoff-Brückendonatoren viel besser dazu in der Lage, anionische aktive Zentren an den Hefeproteinen, wie

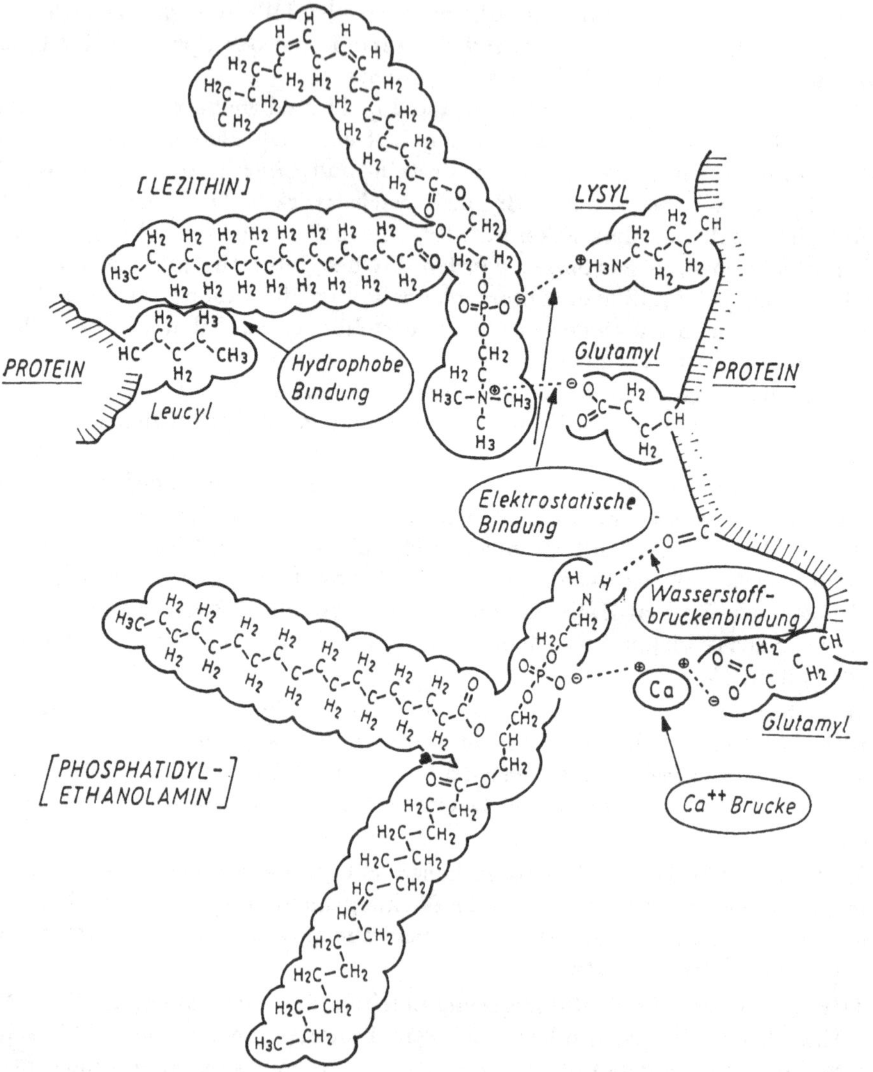

Abb. 5 Bindungsmöglichkeiten zwischen Proteinen und Phospholipoiden nach [4]

z. B. Aminosäurereste, die Akzeptoren für Wasserstoff-Brückenbindungen sind, zu solvatisieren, als die eingesetzten dipolar-aprotischen Lösungsmittel.

Gegenüber Kationen sind diese Unterschiede von untergeordneter Bedeutung, da diese von beiden Lösungsmittelgruppen, die beide freie Elektronenpaare im Molekül aufweisen, über Elektronen-Donor-Akzeptor-Komplexe gleich gut solvatisiert werden können.

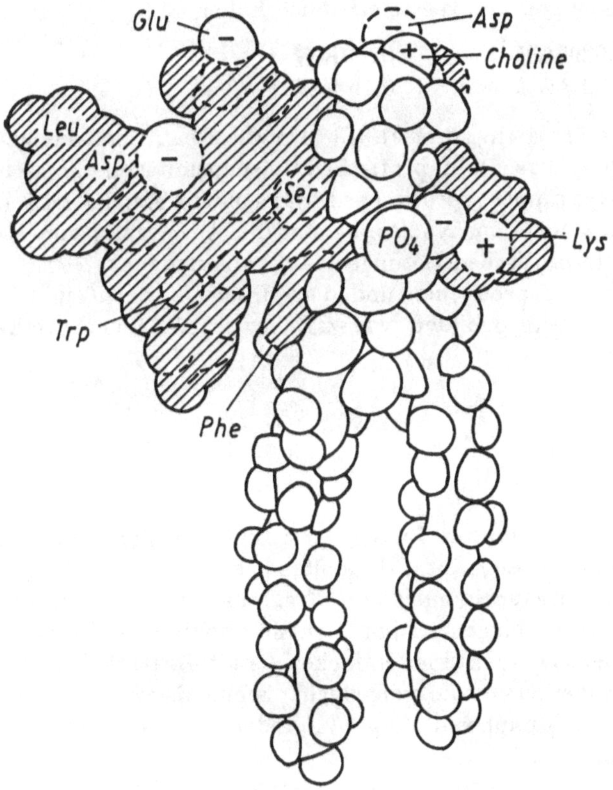

Abb. 6 Lipoproteidkomplex des Blutplasmas nach [5]

Die Schlußfolgerung, daß auch das Protonendonorvermögen des Lösungsmittels für seine Extraktionswirksamkeit bestimmend ist, machte weitere Versuche mit Kombinationen beider Lösungsmittelkomponenten notwendig.

Dabei zeigte sich, daß ein Zusatz einer dipolar-aprotischen und einer polar-protischen Extraktionsmittelkomponente (im Molverhältnis 1:1) zum Extraktionsbenzin (insgesamt etwa 20–30 Ma-%) entscheidende Verbesserungen gegenüber dem getrennten Zusatz der Komponenten aufweist. So konnten mit dieser Variante und einer anschließenden 3-stufigen Nachextraktion mit dem üblichen Benzin/Alkohol-Gemisch der Gehalt an Gesamtextrahierbarem im Feststoff auf 0,04–0,06 Ma-% und der Gehalt an Kohlenwasserstoffen bis auf 0,04 Ma-% gesenkt werden. Diese Werte liegen am unteren Ende des Nachweisbereiches der Methode. Dabei erhöhte sich wiederum auch die Menge des anfallenden Extraktes während der Extraktion. Dagegen lagen beim getrennten

Zusatz der polaren Komponenten die Werte erheblich höher

Ethanol	0,38 GE	0,23 KW	%
DMF	0,88 GE	0,16 KW	%

In Analogie dazu wurde von PARKER et al. [6] über die Reaktivitätssteigerung von Nucleophilen (od. Basen) in protischen Lösungsmitteln, die sich bereits durch geringe Zusätze dipolar-aprotischer Lösungsmittel erzielen lassen, berichtet, da diese wirksam mit dem Nucleophil um die Ausbildung von H-Brückenbindungen mit dem protischen Lösungsmittel konkurrieren.

Dabei werden zwischen dem protischen und dem dipolar-aprotischen Lösungsmittel H-Brückenkomplexe gebildet, wie z.B. zwischen Dimethylsulfoxid und Methanol der Form

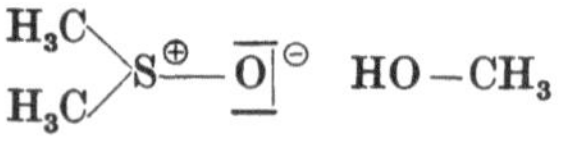

die stöchiometrischer Natur sind und im Zusammenwirken von Polarität und Protonendonorvermögen eine neue Qualität darstellen [7].

Die bisher vorgestellten Untersuchungen und Ergebnisse zeigen deutlich, daß die Extraktion von KW und biogenen lipophilen Metaboliten aus der HTS nicht ausschließlich nach den Gesetzen einer einfachen Feststoffextraktion verläuft, sondern daß es sich hierbei sowohl vom Mechanismus als auch von der Kinetik her um einen relativ komplexen Vorgang handelt, für den folgender Mechanismus vorgeschlagen wird:

1. Lösung oberflächlich an der HTS anhaftender Extraktbestandteile und Eindringen des Extraktionsmittels in den Feststoff

2. Durch das im Feststoff enthaltene Wasser kommt es, wie am Mischungsdiagramm dargelegt, zur Entmischung des Extraktionsmittels in eine polare alkoholreiche Phase, die infolge ihrer Polaritätsverwandtschaft vom Feststoff adsorbiert wird, und eine unpolare benzinreiche Phase.

3. Die daraus resultierende hohe Alkoholkonzentration im Feststoff führt zur Zerstörung der Lipoproteide

4. Die abgespaltenen Lipoide und KW diffundieren innerhalb der alkoholreichen polaren Phase zur Oberfläche des Partikels.

5. und durchdringen die Kornoberfläche, die gleichzeitig die Phasengrenze zur unpolaren benzinreichen Phase ist, welche ein sehr großes Lösevermögen für die abgespaltenen KW besitzt.

Auf Grund dessen besitzt die Phasengrenze, wegen des sich ständig neu einstellenden Verteilungsgleichgewichtes zwischen beiden Phasen eine quasi Ventilwirkung für die abgespaltenen KW und lipophilen Zellinhaltsstoffe, die dann innerhalb der unpolaren Phase das Zellagglomerat verlassen.

Für die Kinetik dieses Prozesses kommen als geschwindigkeitsbestimmende oder die Extraktionsgeschwindigkeit beeinflussende Schritte in Frage:

- die Eindringgeschwindigkeit des Extraktionsmittels in den Feststoff,
- die Zerfallskinetik des Extraktionsmittelgemisches in zwei Phasen,
- die Geschwindigkeit der Lipoproteidzerstörung,
- die Diffusion zur Agglomeratoberfläche
- die Diffusion durch die Phasengrenze.

Es resultiert ein Vorgang, der unter Beteiligung einer chemischen Reaktion, einer festen und zweier flüssiger Phasen abläuft und demzufolge auch sinnvoll als eine 3-Phasen-Reaktions-Extraktion klassifiziert werden kann.

Literatur

[1] Barrer, R. H., Diffusion in and through Solids, University Press, Cambridge 1951, S. 29.

[2] Hansen, Ch. H., Ind. Eng. Chem., Prod. Res. Dev. **8** (1969) 2–11.

[3] Hampe, M., Chem.-Ing.-Tech. **50** (1978), 647–655.

[4] Karel, M., Journal of Food Science **38** (1973), 756–763.

[5] Jackson, R. L., Morrisett, J. D., Gotto, A. M., Physiol. Rev. **56** (1976) 259.

[6] Parker, A. J., Australian J. Chem. **16** (1963) 585.

[7] Quitzsch, K., Ulbrecht, H., Geiseler, G., Z. physik. Chem. (Leipzig) **234** (1967) 33.

D. Beck, W. Biedermann, G. Heinze, S. Martin, J. Schmidt, J. Malzahn und M. Ringpfeil

Die Wechselwirkung von Biomassen mit niedrig- und höhersiedenden Kohlenwasserstoff-Fraktionen

Bei der Herstellung von Futterhefen, die auf höhersiedenden Kohlenwasserstoffen als alleinige Kohlenstoffquelle gezüchtet wurden, treten verschiedene Wechselwirkungen zwischen den Biomassen und Kohlenwasserstoffen sowohl bei der Fermentation als auch in darauffolgenden Reinigungsstufen auf. Das in Abbildung 1 dargestellte Prinzipschema der Erdöldestillatkonvertierung mittels Hefen soll dies veranschaulichen.

In der Verfahrensstufe Fermentation treten die Mikroorganismen im nativen Zustand mit einer Kohlenwasserstoff-Fraktion des Siedebereiches 240°–360°C in Wechselwirkung, wobei ein Teil der n-Alkane utilisiert wird. Nach der Abtrennung der Mikroorganismen von der Hauptmenge der Öl/Wasser-Phase und der Sprühtrocknung der Suspension erfolgt in der Verfahrensstufe Extraktion eine Wechselwirkung der thermisch denaturierten Zellagglomerate mit einem Extraktionsmittelgemisch, bestehend aus Siedegrenzenbenzin vom Siedebereich 60°–85°C, Ethanol und Wasser.

Die Verwendung des Extraktionsmittelgemisches Benzin/Ethanol/Wasser macht sich notwendig, um die bei der Utilisation und der nachfolgenden Aufarbeitung in den Feststoff eingelagerten höhersiedenden Kohlenwasserstoffe um etwa 2 Zehnerpotenzen bis auf unbedeutende Restwerte in der Konzentration abzusenken sowie unerwünschte Zellinhaltsstoffe zu entfernen. Durch alleinige Verwendung von Benzinkohlenwasserstoffen als Extraktionsmittel ist dies nicht möglich.

Im Gegensatz zu anderen Verfahren der Extraktion von biologischen Materialien, z.B. Sojaschrot mit Benzinkohlenwasserstoffen, tritt jedoch bei der extraktiven Reinigung der getrockneten Biomasse mit Lösungsmittelgemischen eine Retention von Kohlenwasserstoffen auf. Diese Benzinkohlenwasserstoffe sind weder durch Erhitzen auf Temperaturen bis 200°C noch durch Druckabsenkung auf $<0{,}1$ Torr restlos entfernbar. Je nach der Art des Substrates und der sonstigen Herstellungstechnologie der Futterhefe werden unterschiedliche Kohlenwasserstoffmengen zurückgehalten.

Tabelle 1 faßt die an Futterhefen unterschiedlicher Genese erhaltenen Ergebnisse des Benzinrückhaltevermögens nach der extraktiven Behandlung mit Benzin einerseits und Benzin/Ethanol/Wasser andererseits zusammen.

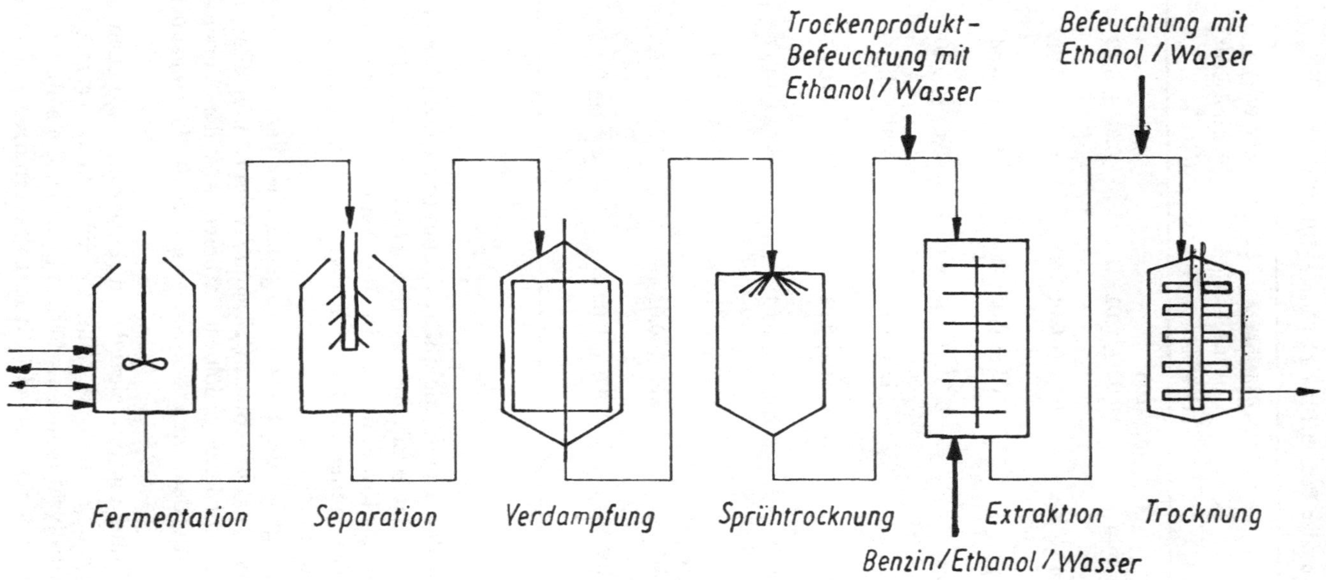

Abb. 1 Prinzipschema der Erdöldestillatkonvertierung mittels Hefen

Tabelle 1 Benzinrückhaltevermögen verschiedener Futterhefen und Sojaschrot nach Extraktion mit Benzin oder Benzin/Ethanol/Wasser (B/E/W)

	Benzinextr. Benzingehalt (Ma-%)	B/E/W-Extr. Benzingehalt (Ma-%)
Sojaschrot	0,05	0,40
KH Futterhefe Malchin sprühgetr.	0,02 ± 0,01	0,35 ± 0,12
Sulfithefe Heidenau sprühgetr.	0,02 ± 0,01	0,41 ± 0,02
Sulfithefe Wolfen walzengetr.	0,02 ± 0,01	1,16 ± 0,58
n-Alkanhefe Toprina, B.P. sprühgetr.	0,10 ± 0,01	0,29 ± 0,10
n-Alkanhefe Ufa, S.U. sprühgetr.	0,07 ± 0,01	1,81 ± 0,15
ED-Hefe ItC o. VV sprühgetr.	0,02 ± 0,01	0,16 ± 0,02
ED-Hefe ItC o. VV lyophilisiert	0,06 ± 0,01	0,52 ± 0,17
ED-Hefe ItC – Hydrolysat sprühgetr.	0,05 ± 0,02	13,7 ± 5,4
ED-Hefe PCK o. VV sprühgetr.	0,06 ± 0,01	7,6 ± 2,9
ED-Hefe PCK m VV sprühgetr.	0,08 ± 0,02	2,4 ± 0,4

Untersucht wurden Hefen, die auf Kohlenhydraten, Sulfitablauge, n-Alkanen und Erdöldestillat gezüchtet wurden, sowie extrahiertes Sojaschrot als Vertreter pflanzlicher Proteinträger. In allen Fällen zeigt sich nach der Benzinextraktion und Trocknung bei Temperaturen von 130 °C eine Einlagerung nur geringfügiger Benzinmengen.

Stärker ausgeprägt ist die Benzineinlagerung bei Verwendung des ternären Extraktionsmittelgemisches Benzin/Ethanol/Wasser. Von allen untersuchten Hefen zeigen verschiedene Erdöldestillathefen aus der Versuchsanlage des VEB PCK Schwedt das am stärksten ausgeprägte Lösungsmittelrückhaltevermögen.

Einen Hinweis auf die im folgenden diskutierten möglichen Mechanismen der Benzineinlagerung gibt das hohe Benzinrückhaltevermögen des sprühgetrockneten Hydrolysats einer Erdöldestillathefe, die selbst nur ein geringes Benzinrückhaltevermögen aufweist (Rückhaltevermögen der Originalhefe für

Benzin: 0,16 Ma-%, nach Hydrolyse und Sprühtrocknung: 13,7 Ma-%). Dieser Befund läßt einen Einfluß wasserlöslicher Zellbestandteile auf das Lösungsmittelrückhaltevermögen vermuten.

Im Ergebnis spezieller Grundlagenuntersuchungen zur Wechselwirkung der Biomasse mit höhersiedenden Kohlenwasserstoffen wurde festgestellt, daß eine extraktive Entfernung dieser höhersiedenden Kohlenwasserstoffe aus dem Agglomerat nur durch Zusatz von Ethanol/Wasser-Gemischen zum Extraktionsbenzin möglich ist. Eine Übertragung dieser Erkenntnis auf die Problematik der Entfernung niedrigsiedender Kohlenwasserstoffe aus der Biomasse führte zu einer im Labor- und Technikumsmaßstab erfolgreich erprobten Lösung des Problems (siehe Abb. 1), die darin besteht, daß dem extrahierten Feststoff vor seiner Trocknung zur Austreibung des Restbenzins gleichfalls ein Ethanol/Wasser-Gemisch zugesetzt wird.

Die nachfolgend vorgestellten Grundlagenuntersuchungen zur Wechselwirkung der Biomasse mit niedrigsiedenden Kohlenwasserstoffen sollen das Prinzip der gesicherten technologischen Lösung des Problems erläutern.

Bei der thermischen Analyse von Erdöldestillathefe mit einem Gehalt von 6,2% Benzin, 11,5% Ethanol und 10,4% Wasser und nachfolgender Korrelationsrechnung konnte festgestellt werden, daß das Abdampfverhalten der Einzelkomponenten des Lösungsmittelgemisches nicht entsprechend ihrem Siedeverhalten, sondern wie in der Abb. 2 (oben) dargestellt, verläuft.

Aus dem in der Abbildung 2 dargestellten prinzipiellen Verlauf des Abdampfverhaltens ist ersichtlich, daß die Austreibung der Hauptmenge der Benzinkomponente des Lösungsmittelgemisches erst dann erfolgt, wenn die Hauptmenge des Ethanols und des Wassers bereits verdampft ist, d.h. bei Temperaturen über 150°C. Bei diesen Temperaturen tritt aber bereits eine merkliche Zersetzung der Biomasse auf, d.h., nur bei gleichzeitiger Zerstörung des Feststoffgerüstes ist das Benzin entfernbar.

Im unteren Teil der Abbildung 2 ist das Abdampfverhalten der Lösungsmittel aus befeuchteter Biomasse entsprechend der technischen Lösung dargestellt. Es ist zu erkennen, daß, bewirkt durch das Befeuchtungsmittel, die Gesamtmenge des Benzins als Azeotrop mit Alkohol und Wasser aus dem Feststoff bereits bei Temperaturen bis 80°C abdampft und nachfolgend die polaren Komponenten als Azeotrope bzw. entsprechend ihrer Siedelage entfernt werden.

Der Unterschied zwischen dem unbehandelten und dem befeuchteten Feststoff im Trocknungsverhalten muß also seine Ursachen in der Feststoffstruktur bzw. der Wechselwirkung zwischen dem Feststoff und den Lösungsmittelkomponenten haben.

Abbildung 3 zeigt das Ergebnis der analytischen Verfolgung der Austreibung der Komponenten Benzin und Ethanol aus dem extrahierten Produkt ohne und mit Befeuchtung (30% Ethanol/Wasser [1:1]). Abszisse: Zeit bzw. Temperatur, Ordinate: ausgetretene Benzin- bzw. Ethanolmenge.

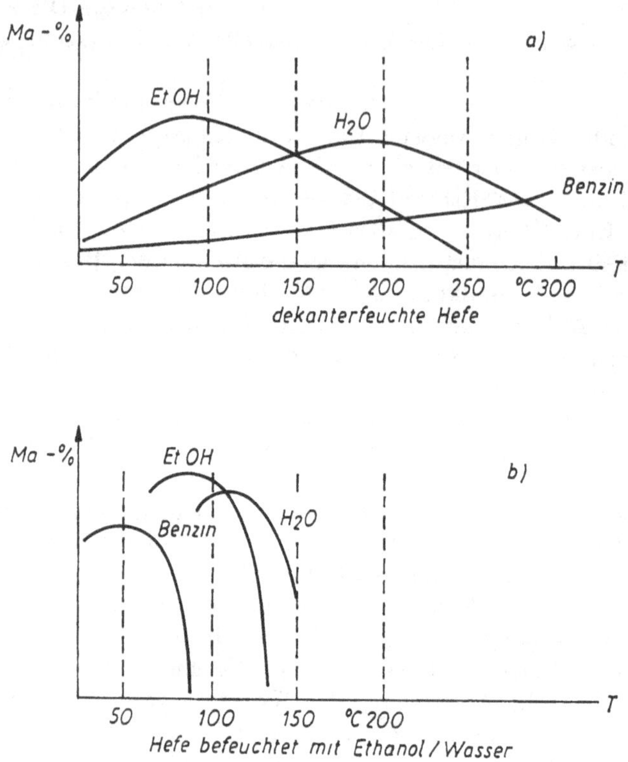

Abb. 2 Abdampfverhalten der Lösungsmittelbestandteile aus dekanterfeuchtem Produkt ohne Befeuchtung (a) bzw. nach Befeuchtung mit Ethanol/Wasser (b)

Obwohl bei dem nicht befeuchteten Produkt (oben) ein scheinbar rascher Abfall der Benzinkonzentration mit steigender Temperatur eintritt, enthält das Produkt jedoch von ursprünglich 10 Ma-% Benzin noch 6,85 Ma-%. Dieses Restbenzin war nur durch thermische Behandlung des Feststoffes entfernbar ($T > 200\,°C$).

Die unten dargestellten Kurven zeigen das Abdampfverhalten der Lösungsmittelkomponenten aus dem zusätzlich mit 15 Ma-% Ethanol und 15 Ma-% Wasser befeuchteten Produkt. Hier ist gleichfalls ein rasches Abdampfen beider Lösungsmittelkomponenten angenähert an ihr Siedeverhalten zu verzeichnen, der Benzingehalt des Feststoffes sinkt jedoch von 10 Ma-% vor der Befeuchtung auf 0,3 Ma-% nach der Trocknung.

Daraus wird die positive Wirkung der Ethanol/Wasser-Komponente auf das Abdampfverhalten des Benzins nochmals deutlich.

Für eine theoretische Betrachtung der dargestellten Erscheinungen ist es

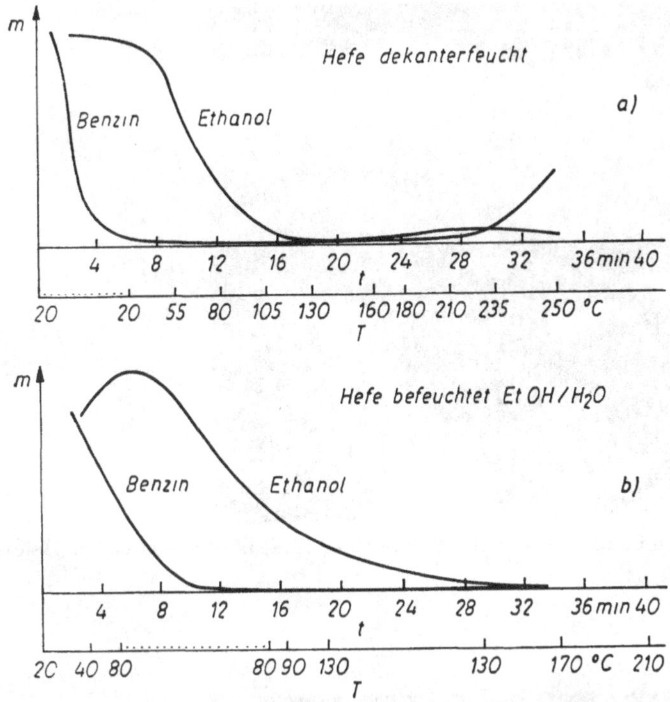

Abb. 3 Menge der aus der Hefetrockensubstanz während der thermischen Behandlung ausgetretenen Benzin- bzw. Alkoholmengen ohne Befeuchtung (a) bzw. nach Befeuchtung mit Ethanol/Wasser (b)

zweckmäßig, sich die Struktur des getrockneten Feststoffes vor Augen zu führen.

In Abbildung 4 ist die rasterelektronenmikroskopische Aufnahme eines Zellagglomerates dargestellt. Einzelzellen sind gut erkennbar.

Abbildung 5 zeigt die elektronenmikroskopische Aufnahme eines Agglomerats im Schnitt. Da dieses System kein Kontinuum darstellt, sondern diskrete Bezirke bestehen, leitete sich die Überlegung ab, die Betrachtungen über die Ursachen der Lösungsmittelrelationen in drei Richtungen durchzuführen, und zwar hinsichtlich des Einflusses

- der Struktur des Zellagglomerats,
- der Makrostruktur der Zelle und
- der Mikrostruktur der biogenen Makromoleküle.

Diese Einflußfaktoren und ihre Rolle bei der Rückhaltung der Lösungsmittelbestandteile sollen im folgenden besprochen werden.

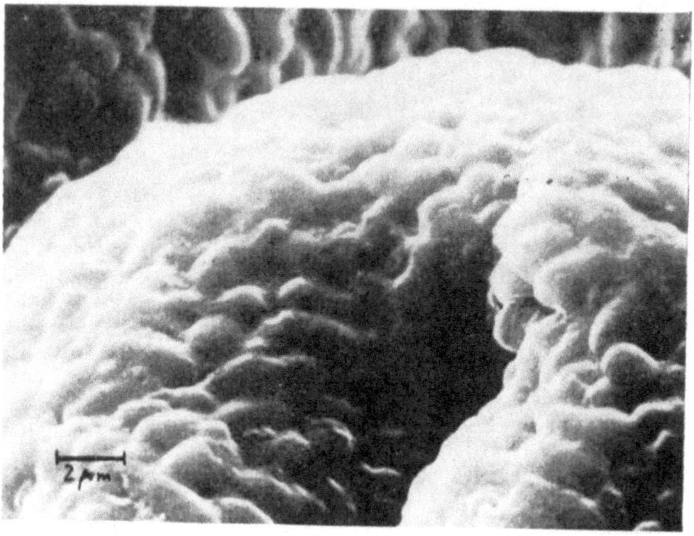

Abb. 4 Rasterelektronenmikroskopische Aufnahme eines Ausschnittes aus einem Hefeagglomerat (1:4500)

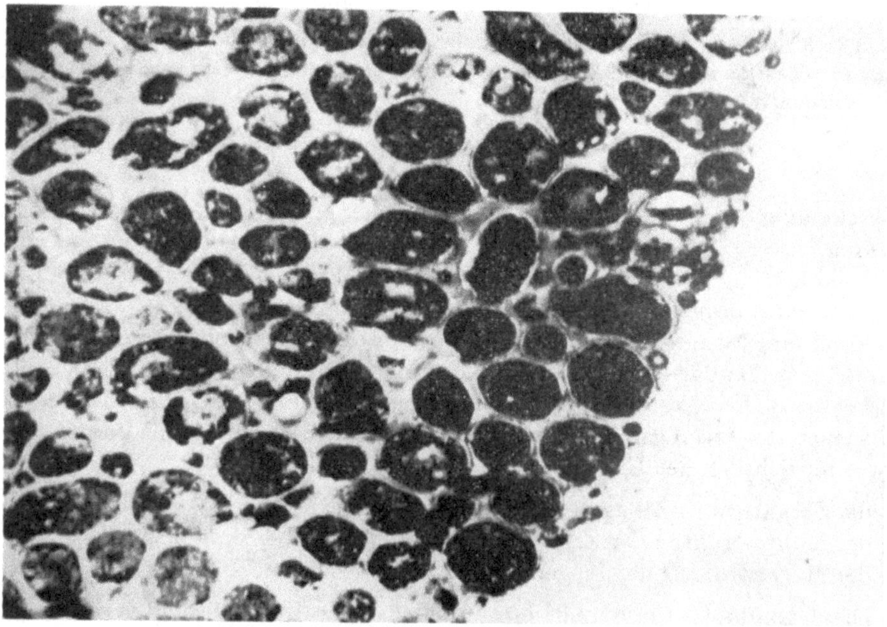

Abb. 5 Schnitt durch ein Hefeagglomerat (1:6500)

1. Der Einfluß der Struktur des Zellagglomerats

Das Zellagglomerat als ungeordnetes Haufwerk aus miteinander verklebten Einzelzellen stellt einen porösen Feststoff dar, für den die allgemeinen Gesetze der Trocknung [1] nur bedingt gelten, Abb. 6 soll die charakteristischen Unterschiede verdeutlichen.

Der wesentliche Unterschied besteht darin, daß die Gutsfeuchten bei Erdöldestillathefen, die rasch getrocknet werden, nicht auf den Wert Null absenkbar sind.

Einer der Gründe ist darin zu sehen, daß sich bei der Trocknung der lösungsmittelfeuchten Zellagglomerate an deren Oberfläche eine Verdichtung der Struktur ergibt. Infolgedessen wird bei der weiteren Absenkung des Trok-

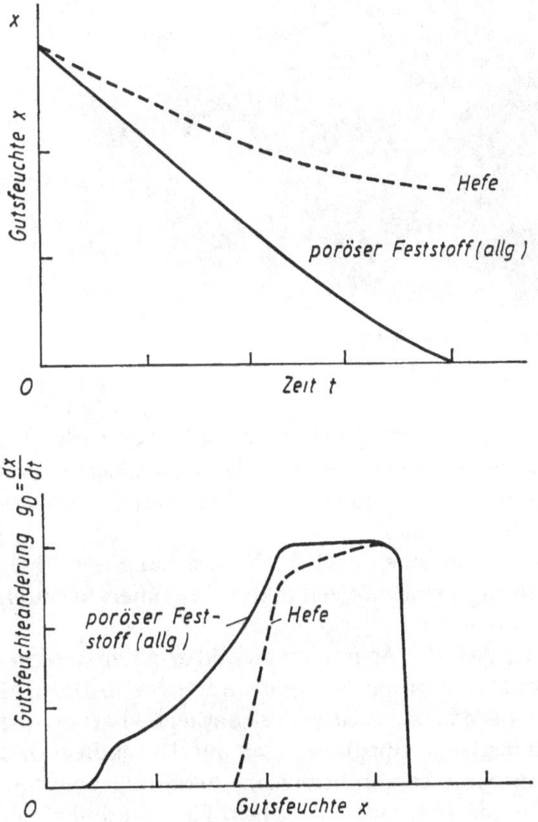

Abb. 6 Trocknungskurven für poröse Feststoffe (allgemein) und Hefetrockensubstanz

kenspiegels an der Oberfläche des Agglomerats eine Verdichtung der Struktur hervorgerufen, welche für die Dampfphasenleitung des Lösungsmittels eine hochwirksame Barriere darstellt.

Die Abbildungen 7 und 8 sollen die Verdichtung der Struktur des Zellagglomerates an der Oberfläche durch Temperatureinwirkung verdeutlichen.

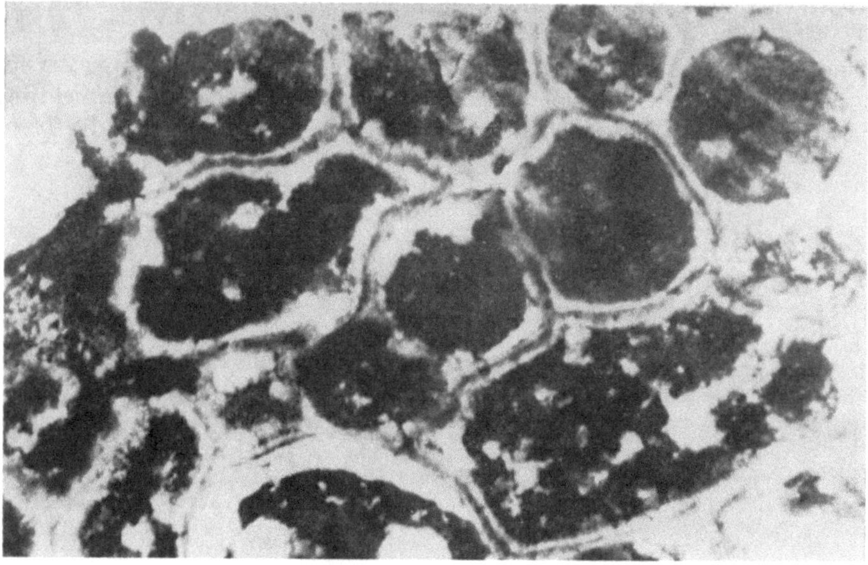

Abb. 7 Schnitt durch ein Hefeagglomerat (bei 100 °C getrocknet)

Abbildung 7 ist ein Schnitt durch ein mild (bei etwa 100 °C) getrocknetes Agglomerat. Einzelzellen mit thermisch denaturierten Zellbestandteilen und Zellwände sind erkennbar. Abbildung 8 zeigt einen Schnitt durch ein auf etwa 230 °C erwärmtes Zellagglomerat.

Beim Vergleich beider Aufnahmen ist eine deutliche Verdichtung der Oberflächenstruktur bzw. eine Verklebung der Einzelzellen des Agglomerats durch die thermische Behandlung erkennbar.

Eine weitere Bestätigung dafür, daß die Agglomeratstruktur einen wesentlichen Einfluß auf die Lösungsmittelretention hat, geht aus dem in der Tabelle 2 angegebenen Vergleich zwischen zwei Erdöldestillathefen hervor, die aus der gleichen Suspension einerseits im Sprühtrockner mit Druckdüse und andererseits in einem Sprühtrockner mit Zerstäuberscheibe hergestellt wurden. Beide Ausgangsprodukte wurden im Labormaßstab extrahiert und ihr Lösungsmittelrückhaltevermögen nach 10minütiger Trocknung bei 130 °C unter-

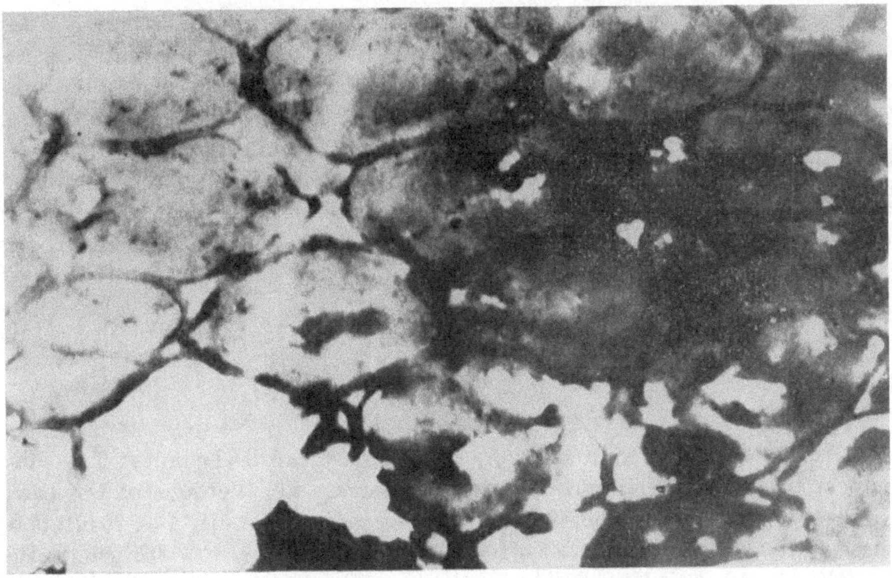

Abb. 8 Schnitt durch ein Hefeagglomerat (bei 230 °C getrocknet)

Tabelle 2 Ausgewählte Feststoffkennwerte sowie Restlösungsmittelgehalt von 2 Produktmustern, die aus der gleichen Suspension in 2 verschiedenen Sprühtrocknern hergestellt wurden

	Korngröße µm	Korndichte (g/cm³)	Restlösungsmittelgehalt Benzin (Ma-%)	Ethanol (Ma-%)
ED-Hefe Sprühtrockner mit Zerstäuberscheibe	5–40 $d_m = 22$	0,93–0,94	0,71 ± 0,29	0,99 ± 0,34
ED-Hefe Sprühtrockner mit Druckdüse	50–500 $d_m = 180$	0,60–0,65	5,46 ± 0,83	3,54 ± 0,12

sucht. Wie ersichtlich, unterscheiden sich beide Hefen erheblich sowohl in ihrer Korngröße als auch ihrer Korndichte. Die Ursache hierfür ist die größere Tropfengröße bei der Versprühung der Suspension im Druckdüsen-Trockner. Dadurch entsteht ein Produkt mit einer deutlich höheren Korngröße und als Folge einer langsameren Durchtrocknung findet eine Aufblähung des Korns während des Trocknungsvorganges statt, die zu einer Vergrößerung des Hohlraumanteils des Agglomerates führt. Daraus ergibt sich die um etwa ein Drittel erniedrigte Korndichte gegenüber der im Zerstäuberscheiben-Trockner getrockneten Hefe.

Der unterschiedliche Restlösungsmittelgehalt beider Produkte nach ihrer Extraktion und Trocknung zeigt deutlich den Einfluß der Agglomeratstruktur, d.h. größere Agglomerate mit einem höheren Hohlraumanteil zeigen ein größeres Lösungsmittelrückhaltevermögen sowohl für Benzin als auch für Ethanol.

Der Einfluß der Agglomeratstruktur auf das Lösungsmittelrückhaltevermögen wird aus der folgenden Gleichung, die die Abhängigkeit der Trocknungsgeschwindigkeit kugelförmiger, homogener, poröser Teilchen im Falle der Dampfphasenleitung unter idealen Bedingungen darstellt, ersichtlich [1a, 2].

$$g_D = \frac{1}{R_D \cdot T} \cdot \frac{P''_D - P_{DL}}{\frac{1}{\beta} + \frac{\mu}{\delta} \cdot \frac{d^2}{2}\left(\frac{1}{d^x} - \frac{1}{d}\right)}$$

(g_D = Trocknungsgeschwindigkeit, R_D = Gaskonstante des Dampfes, T = abs. Temperatur, P''_D = Dampfdruck der Flüssigkeit am Verdunstungsspiegel, P_{DL} = Dampfdruck der Flüssigkeit in der umgebenden Luft, β = Stoffübergangszahl der Flüssigkeit, μ = Diffusionswiderstandszahl, δ = Diffusionszahl Flüssigkeit/Luft, d = Korndurchmesser, d^x = Durchmesser des Trocknungsspiegels)

Von bedeutendem Einfluß auf die Abnahme der Trocknungsgeschwindigkeit sind demgemäß

- die Zunahme des Korndurchmessers
- die Abnahme des Durchmessers des Trocknungsspiegels und besonders
- die Größe der Diffusionswiderstandszahl, die sämtliche, die Diffusion der Lösungsmittel durch die Grenzschicht des Feststoffes hemmenden Einflüsse beinhaltet.

  Dies betrifft insbesondere die Menge an Tensiden, gelösten Zellbestandteilen, Salzen u.a.m. sowie die Veränderung, d.h. die Verdichtung der Agglomeratstruktur an der Kornoberfläche, wie sie bei der Trocknung der Hefeagglomerate infolge einer stattfindenden Schrumpfung zu erwarten ist.

2. Der Einfluß der Makrostruktur der Zelle

Bei der Betrachtung einer auf Kohlenwasserstoffen gewachsenen Hefezelle zeigt sich im Vergleich zur Kohlenhydrathefe [3] ein vermehrtes Auftreten von Fettvakuolen. Durch die Extraktion werden diese Fettvakuolen entleert (s. Abb. 9). Diese bekannte Tatsache wird durch elektronenmikroskopische Aufnahmen am Ausgangsprodukt vor der Extraktion und am extrahierten Endprodukt bestätigt (siehe Abb. 10–13).

Sowohl die Schnitt- als auch die Gefrierbruchaufnahme des extrahierten Produktes zeigen gegenüber den entsprechenden Aufnahmen des Ausgangs-

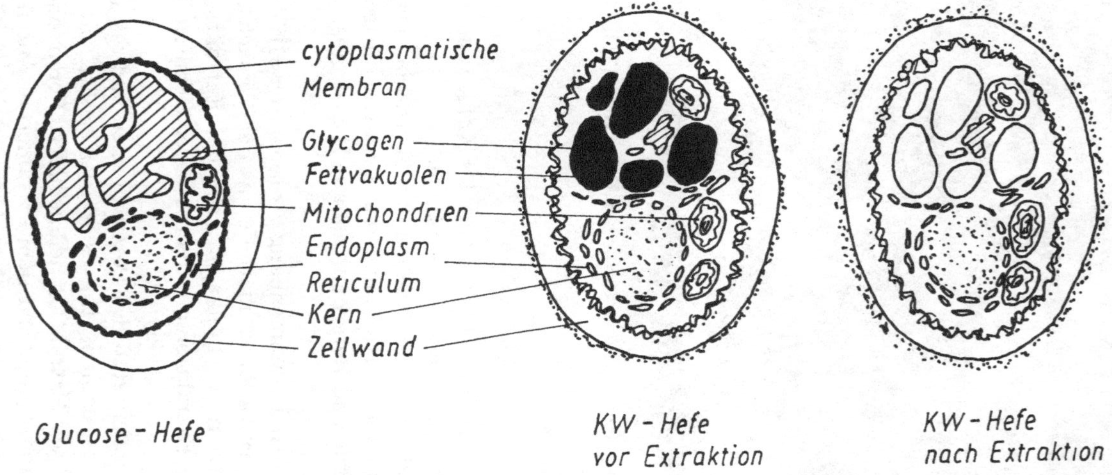

Abb. 9 Schematische Darstellung von Candida lipolytica, gewachsen auf Glucose bzw. Kohlenwasserstoffen (vor und nach Extraktion)

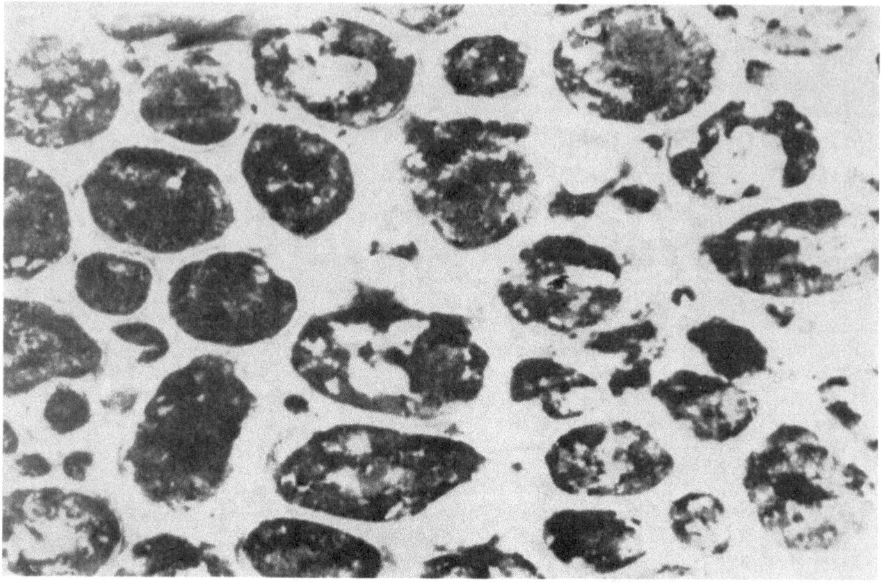

Abb. 10 Schnitt durch ein Hefeagglomerat vor der Extraktion (1:13000)

produktes deutlich die durch die Extraktion der Kohlenwasserstoffe und biogenen Zellinhaltsstoffe entstandenen Hohlräume.

Diese Kavitäten sind durch die Messung der Oberflächenvergrößerung nach der BET-Methode und die Bestimmung der Porenvolumenzunahme mittels Quecksilber-Porosimetrie und Berechnungen aus Dichtemessungen experimentell nachweisbar.

Abbildung 14 zeigt den Zusammenhang zwischen der BET-Oberfläche und dem Porenvolumen einer Erdöldestillathefe aus der Versuchsanlage Schwedt, und zwar vor der Extraktion (Punkt 1), nach der Extraktion mit n-Hexan (Punkt 2) und nach der Extraktion mit dem ternären Gemisch Benzin/Ethanol/Wasser (Punkt 3).

Zunächst ist festzustellen, daß das Porenvolumen und die BET-Oberfläche durch die Extraktion zunehmen, d.h. es werden zusätzliche Hohlräume geschaffen. Das während der Extraktion neu gebildete Porenvolumen entspricht in seiner Größenordnung weitgehend dem extrahierten Anteil höhersiedender Kohlenwasserstoffe und biogener lipophiler Zellinhaltsstoffe (Extrakt). In diesem Zusammenhang sei nochmals auf die Abbildungen 10 bis 13 verwiesen, wo diese Strukturen, die zur Aufnahme lipophiler Bestandteile befähigt sind, deutlich erkennbar waren.

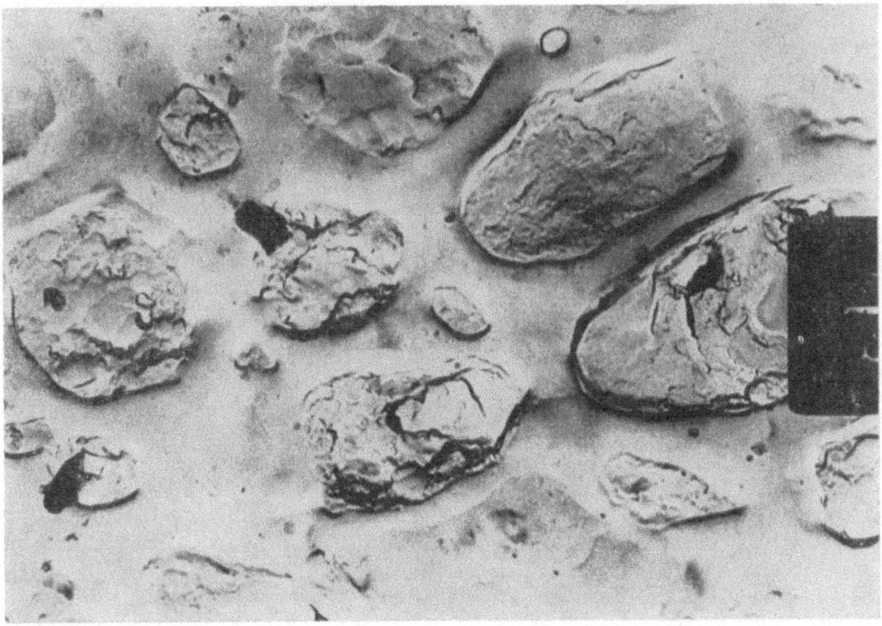

Abb. 11 Gefrierbruchaufnahme - Schnitt durch ein Hefeagglomerat vor der Extraktion (1:18000)

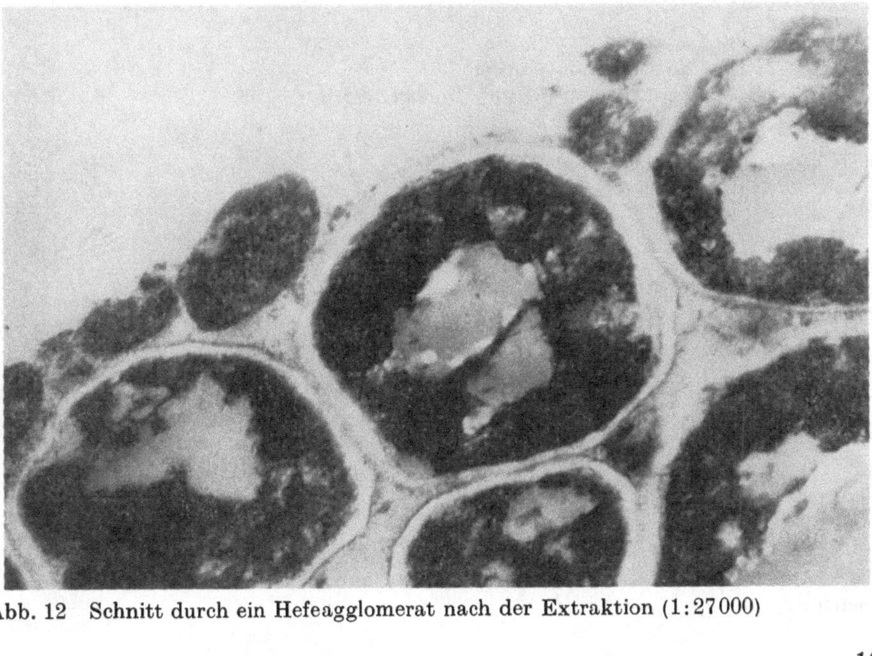

Abb. 12 Schnitt durch ein Hefeagglomerat nach der Extraktion (1:27000)

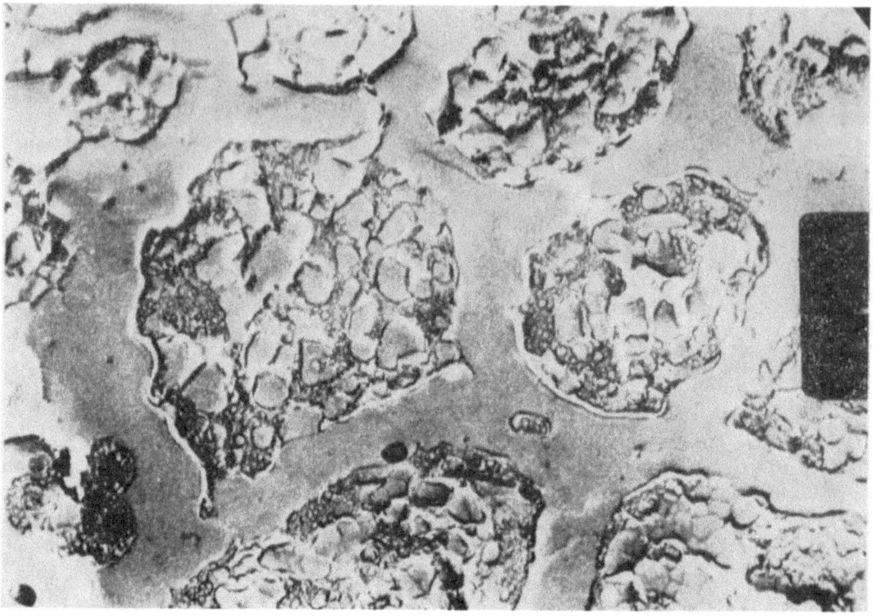

Abb. 13 Gefrierbruchaufnahme – Schnitt durch ein Hefeagglomerat nach der Extraktion (1:24000)

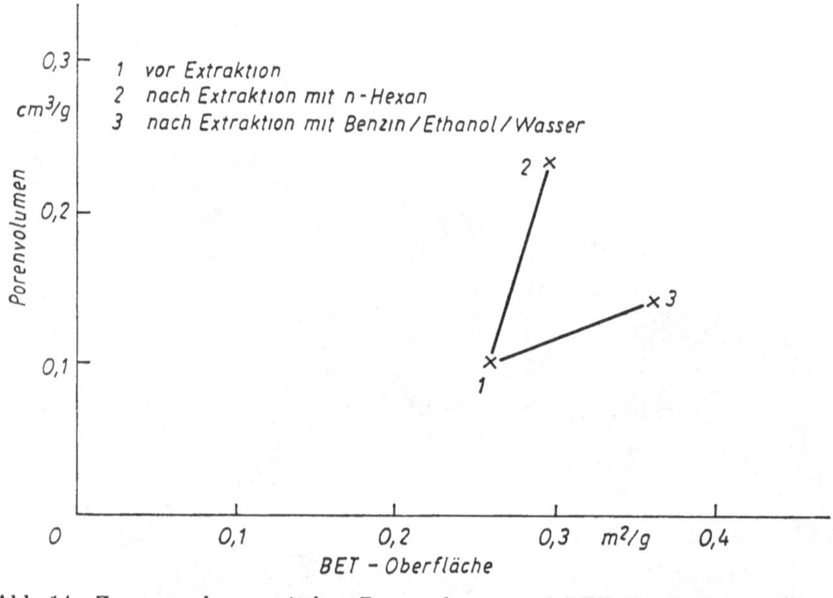

Abb. 14 Zusammenhang zwischen Porenvolumen und BET-Oberfläche von Erdöldestillathefen

Die geringere Porenvolumenzunahme der mit Benzin/Ethanol/Wasser extrahierten Proben gegenüber der mit Hexan extrahierten ist dadurch erklärbar, daß ein Teil der Hohlräume durch Benzin besetzt und so ein geringeres Porenvolumen bei der Messung erfaßt wird. Tatsächlich enthielt die mit dem ternären Gemisch extrahierte Probe trotz mehrtägiger Aufbewahrung unter einem Vakuum von $<0,1$ Torr noch 1,7 Ma-% Benzin (entsprechend etwa 3 Vol-%), während die mit n-Hexan extrahierte Probe praktisch hexanfrei war.

Auch dieser Befund [5] entspricht den oben dargelegten Vorstellungen über die Einlagerung der niedrigsiedenden Kohlenwasserstoff-Fraktionen in das Feststoffgerüst der getrockneten Biomasse.

Über die besondere Rolle des Einflusses der Ethanol/Wasser-Komponente auf die Rückhaltung des Benzins bei der Anwendung des ternären Gemisches Benzin/Ethanol/Wasser im Vergleich zur Extraktion mit n-Hexan bzw. Siedegrenzenbenzin als alleinige Extraktionsmittel wird im folgenden noch eingegangen.

3. Der Einfluß der Mikrostruktur

Die molekularen Bausteine der Zelle stellen räumliche Gebilde mit vorwiegend hydrophoben Zentren und hydrophilen, polaren Randzonen dar. Erinnert sei in diesem Zusammenhang an den Aufbau von DNS-, Enzym- und Membranstrukturen [4]. Unter Zugrundelegung dieser molekularen Vorstellungen resultiert ein bestimmter räumlicher Zellaufbau, wobei Membranen einzelne funktionelle Bereiche voneinander trennen bzw. eine Vielzahl hydrophober Inseln durch ein Netzwerk von miteinander verbundenen hydrophilen Gruppen eingeschlossen wird. Dieses kanalartige hydrophile Netzwerk ist in der Lage, polare Substanzen, d.h. Verbindungen mit hoher Dielektrizitätskonstante (Wasser, Alkohole) aufzunehmen. Dadurch werden Konformations- und Konfigurationsänderungen der biogenen Makromoleküle hervorgerufen (z.B. Quellungserscheinungen), die ein Eindringen der polaren Lösungsmittelkomponenten in das polare Kanalsystem erleichtern, wobei Wasser als Dipol bevorzugt durch die Ausbildung von Wasserstoffbrücken durch das Kanalsystem wandern kann. Für das Eindringen und die Wirkung des Alkohols müssen neben Wasserstoffbrückenbindungen auch van der Waals-Wechselwirkungen mit den unpolaren Inseln der biogenen Makromoleküle bzw. den Kohlenwasserstoffen angenommen werden.

Die unpolaren Verbindungen, d.h. die niedrig- bzw. höhersiedenden Kohlenwasserstoffe, können nur über das polare Kanalsystem von Insel zu Insel gelangen, wobei die Sperrwirkung der Kanäle gegenüber den unpolaren Substanzen durch den Wasser- und Alkoholgehalt des Systems gesenkt wird. Die Verringerung der Sperrwirkung durch den Wasseranteil beruht auf einer Abschirmung der polaren Zentren (Ionen/Dipol-Wechselwirkung) und äußert sich makroskopisch in Form der Quellung. Die Alkoholkomponente wirkt in gleicher Richtung wie das Wasser, besitzt jedoch zusätzlich eine lösungsvermittelnde Funktion zwischen den polaren Kanälen und unpolaren Bereichen.

Damit erklärt sich die besondere Rolle der Alkoholkomponente für das Eindringen der niedrigsiedenden Kohlenwasserstoffe bei der Extraktion und damit die Ausbringung der höhersiedenden Kohlenwasserstoffe bei diesem Prozeß sowie bei der Entfernung der niedrigsiedenden Kohlenwasserstoffe im Falle der Lösungsmittelentfernung aus dem extrahierten Produkt.

Gelingt es bei der Trocknung, durch eine ausreichende Wasser- und Ethanolkonzentration die durch den besonderen Charakter der Kanäle bedingte Sperrwirkung gering zu halten, d. h., einen bestimmten Quellungszustand aufrechtzuerhalten, so wird an der Phasengrenze des Partikels bei steigender Temperatur zuerst das Azeotrop Benzin/Ethanol und nachfolgend das Azeotrop Ethanol/Wasser abgegeben.

Bei zu geringem Wasser- und Ethanolgehalt des Feststoffs überwiegt die Sperrwirkung der polaren Kanäle gegenüber den unpolaren Inseln und der Austritt der niedrigsiedenden Kohlenwasserstoffe aus dem Feststoff wird behindert.

Dies erklärt die technologische Maßnahme der Befeuchtung des dekanterfeuchten Produktes vor der Restlösungsmittelentfernung mit Ethanol/Wasser.

Bezieht man die diskutierten Vorstellungen zum Austauschmechanismus zwischen Lösungsmittel einerseits und Feststoffgerüst andererseits auf das gesamte Agglomeratsystem, so ergibt sich das Bild einer Hierarchie von Austauschvorgängen prinzipiell gleicher Qualität, jedoch mit spezifischen Besonderheiten, in den drei betrachteten Ebenen

- Mikrobereich,
- Makrobereich der Zelle sowie
- Agglomeratbereich.

Diese Besonderheiten drücken sich im quantitativen Einfluß der einzelnen Strukturebenen auf das Lösungsmittelrückhaltevermögen aus.

Auf der Grundlage der bisherigen Untersuchungen ist einzuschätzen, daß die Einflüsse der Mikro- und Makrostruktur der Zelle durch Veränderungen der Agglomeratstruktur während der thermischen Lösungsmittelaustreibung stark überlagert werden und damit der Einfluß der Agglomeratstruktur auf das Abdampfverhalten der Lösungsmittel bestimmend ist.

Es wird die weitere Aufgabe der Forschung sein, in die quantitativen Beziehungen der einzelnen Struktureinheiten einen vertieften Einblick zu erhalten. Hierbei gilt es besonders, die Einflüsse vorgelagerter Produktionsstufen, z. B. der Sprühtrocknung und Tensidkonzentration, d. h. technologischer Einflußgrößen, unter Anwendung strukturanalytischer und chemischer Methoden in ihrer Wirkung auf die genannten drei Strukturebenen sowie die Probleme von Stoffaustauschvorgängen an denaturierten Membranen zu untersuchen.

Bei der Trocknung werden Korngröße und Porosität der Agglomerate festgelegt, die in Verbindung mit den für den Transportmechanismus der Kohlenwasserstoffe maßgeblichen polaren Gruppierungen der Makro- bzw. Mikrostruktur und deren Veränderungen bei der Agglomerattrocknung von wesentlicher Bedeutung für die Menge der eingeschlossenen Kohlenwasserstoffe sind.

Literatur

[1] a. Krischer, O., Trocknungstechnik, Springer-Verlag, 1963.
b. Lykow, A. W., Experimentelle u. theoret. Grundlagen der Trocknung, VEB Verlag Technik, Berlin, 1955.
c. Hoiss, J., Untersuchungen zum Trocknungsverhalten ..., Diss. TU München, 1974.

[2] Kessler, H. G., Zur Dimensionierung von Zerstäubungstrockentürmen, Chem.-Ing.-Technik **39** (1967), 9/10, S. 601–606.

[3] Ludvik, J., Munk, V., Dostalek, M., Experientia **24** (1968), 1066.

[4] Peruz, W. F., Vorwort in: Dickerson, G.; Geis, Struktur und Funktion der Proteine, Verlag Chemie, Weinheim 1975.
Träger, L., Einführung in die Molekularbiologie, Fischer, Jena 1975.

[5] Bericht über Untersuchungen zum Siedegrenzenbenzinrückhaltevermögen von HTS-Proben, interner Bericht ZIPC der AdW, 1979.

Die in dieser Arbeit erhobenen Befunde wurden durch elektromikroskopische Aufnahmen gestützt, die an der KMU Leipzig, dem ZIMET Jena, dem Staatlichen Institut für Immunpräparate und Nährmedien und dem ZIPC Berlin angefertigt wurden, wofür an dieser Stelle Frau Dr. Müller sowie den Herren Dr. Weber, Dr. Bergmann und Herrn Richter-Mendau gedankt sei. Weiterhin sei in diesem Zusammenhang den Herren Dr. Gnauck und Dr. Krüger vom ZIOC der AdW für die Durchführung thermogravimetrischer Untersuchungen gedankt.

ISSN 0138—3956